彩色铅笔绘图 趣味少儿科普

亲近自然

从小爱看的彩绘小百科

王平辉 主编

康玉华 副主编

U0212816

重庆出版集团 重庆出版社

图书在版编目（ＣＩＰ）数据

亲近自然 / 王平辉主编．— 重庆：重庆出版社，2017.8
（2018.8 重印）
　ISBN 978-7-229-12193-8

　Ⅰ．①亲… Ⅱ．①王… Ⅲ．①自然科学－儿童读物
Ⅳ．① N49

中国版本图书馆 CIP 数据核字 (2017) 第 077234 号

亲近自然
QINJINZIRAN

王平辉　主编　康玉华　副主编

责任编辑：周北川
责任校对：李小君
装帧设计：王平辉

 重庆出版集团
重庆出版社　**出版**

重庆市南岸区南滨路 162 号　邮政编码：400061　http://www.cqph.com
重庆豪森印务有限公司印刷
重庆出版集团图书发行有限公司发行
E-MAIL：fxchu@cqph.com　邮购电话：023-61520646
全国新华书店经销

开本：710mm×1000mm　1/16　印张：12　字数：90 千
2017 年 8 月第 1 版　2018 年 8 月第 2 次印刷
ISBN 978-7-229-12193-8
定价：26.80 元

如有印装质量问题，请向本集团图书发行有限公司调换：023-61520678

>>> # 目录 Mu Lu

自然规律 01

亲近自然
qin jin zi ran

气象知识　25

cong xiao ai kan de cai hui xiao bai ke

从小爱看的彩绘小百科

地理现象 67

3

生活常识 127

5

亲近自然
qin jin zi ran

cong xiao ai kan de cai hui xiao bai ke

从小爱看的彩绘 小百科

1

自然规律
zi ran gui lü

太阳为什么从东方升起

"如果真这样，那太阳真打西边儿出来了……"在日常生活中，我们总是能听到这样的话。可是，为什么太阳从东边升起呢？

原来，我们生活的地球并不是静止不动的，它是一个自西向东自转的球体，被太阳照射的那一半是白天，另外一半则是黑夜。当分界线处由黑夜变成白天时，地球正在向东转动，所以我们会看到太阳从东边升起。

那么，太阳为什么从西边落下呢？其实是一个道理，当分界线处由白天变为黑夜时，因为地球的自转，我们会觉得太阳在往西边运动，也就是在西边落下。

明白了这个问题，或许有人会问："为什么夏天的太阳比冬天出来得早呢？"

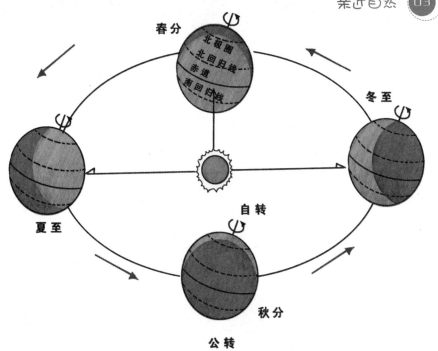

这是因为地球不仅自转，而且也围绕太阳公转。除此之外，地球的地轴还倾斜 23.4 度，而我国在北半球，夏天的时候，太阳在天空中的移动弧度比冬天时更长，所以日照时间更长，日出更早，日落更晚。

关于日出日落的问题，我们可以做一个实验。挂一个电灯模拟太阳，把地球仪顺时针转动并且围绕电灯公转，你会发现一个有趣的现象，那就是南、北极各有一半的时间全部是黑夜或者全部是白天，这就是我们所说的极昼和极夜。南极和北极的居民在一年之中必须忍受连续半年的白天或黑夜，跟他们相比，我们是不是幸福多了？

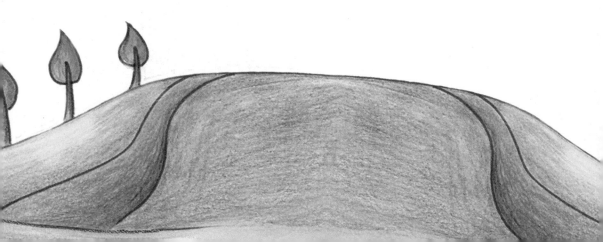

四季是怎么更替的

每天都出太阳，为什么有时候冷，有时候热，有时候又不冷不热呢？四季又是如何更替的呢？

我们刚刚讲过太阳东升西落，与地球自转密切相关。其实，地球在自转的同时，还在绕着太阳公转，只是它不太老实，绕日运动的轨迹并不是非常规矩。

地球公转时，地轴与公转轨道

之间存在一个66.5度的夹角，且北极总是指向北极星不变，这样就使太阳直射点只能在南、北纬23.5度之间移动，结果使地球表面的太阳高度和昼夜长短出现差别。所以在地球表面，纬度越高，气温越低。

　　也就是说，地球在公转时，距离太阳时远时近，最终形成一个椭圆形的轨迹，而春夏秋冬四个季节的产生就与这个运动轨迹有关。

　　在地球沿着椭圆做周期运动的时候，如果它运动到距离太阳最近的点上，就产生了夏季；如果它运

动到距离太阳最远的点上，就产生了冬季；如果它运动到离太阳不远不近的点上就产生了春秋两季。而且它总是由近日点转到远日点，又从远日点再转回近日点，就这样做着往返运动。

天空为什么是蓝色的

"蓝蓝的天空白云飘，白云下面马儿跑……"很多歌词中都用"蓝蓝"来描述天空。那么，天空为什么是蓝色的呢？又为什么不是红色的、黄色的、绿色的呢？

这要从阳光的色彩说起。平时我们看到的阳光是白色的或金黄色的，实际上，阳光中包含了赤、橙、黄、绿、青、蓝、紫等多种颜色，但是为什么我们没有看到五颜六色的色彩呢？这是因为它们被障碍物散射走了。

其实，说光线历尽千辛万苦来到地球上一点也不为过，我们肉眼看到的天空实际上一点也不空，它的上方悬浮着很多尘埃、冰晶、灰尘等微小颗粒。当阳光在直射的过程中碰上这些障碍物时，就会发生折射和散射，改变原来的方向和路径。

然而，光线中的蓝色光和紫色光由于波长较短，很容易被散射到天空中，而波长较长的橙色光和红色光往往能够穿越障碍物，照射到地表，因此，我们看到的阳光大多是橙色的。同时，光线中的紫色光比红色光要多10倍，而蓝色光要比红色光多6倍，如此数量的蓝紫光被散射到太空中，我们看到的天空当然会呈现出蓝色了。

那么，有时候，早晨和傍晚的地平线会出现红色的天空，这是为什么呢？

上面我们已经说过了，蓝紫光容易被散射到天空中，而黄光、红光则能够照射到大地上，早晨和傍晚的时候，太阳离地平面比较近，当其他的光线被散射走后，红光、黄光照射在地平面上，一部分又被反射到天空中，所以地平面上方的天空会出现赤红色。

拔苗为什么不能助长

　　古时候有一个农夫，种了禾苗后，不事劳作，却天天想着早一点收获。他每天都要去田地好几次，观察禾苗的生长情况，但是，禾苗似乎都没什么动静。于是，他想到一个帮助禾苗快快长大的"好办法"：将禾苗拔高一截。一天下来，他虽然疲惫，但是十分满足，洋洋得意地对家人说："瞧瞧！禾苗一下子长高一大截，还不都是我的功劳！"家人到地里一看，禾苗全低着脑袋枯死了。

　　禾苗为什么全都枯萎了？就是因为农夫违背了禾苗生长的自然规律。我们知道，植物也好，动物也罢，都有一个出生、生长、成熟、消亡的过程，这也是事物发展的必经阶段，如果我们任意地去改造，只能导致事物的提前灭亡。

　　就像禾苗，它的生长需要适宜的水分、温度、土壤以及其他的营养物质，只有拥有了这些，再经过一个适当的生长周期，它才能成熟、结果。很多事情都不是一朝一夕就能完成的，不能急于求成，否则会取得适得其反的效果。

　　这与"杀鸡取卵"的道理是一样的，为了得到鸡蛋，就把鸡给杀了，也违背了事物发展的自然规律。

　　这些贻笑大方的成语故事你们一定听说过吧！谁违背了自然的规律，谁就要受到大自然的惩罚！千万不要犯这样的错误啊！

北雁为什么要南飞

很久以前，北方气候湿润、温暖舒适，鸟儿们过着自由自在的幸福生活。然而，在300万年前，气候突变，气温骤降，北方变得天寒地冻、冰天雪地。于是，鸟儿们不得不离开家园，飞向暖和的南方。等到春暖花开之时，它们再飞回故乡。就这样，秋去春来，鸟儿们始终在南北之间奔波。

这个故事自然没有什么科学依据，但也并非毫无道理。北半球的西伯利亚一带，夏天阳光充足，气候适宜，虫害很少，又不乏食物，确实是大

雁的老家。然而，西伯利亚的整个冬天都被冰雪覆盖，大雁很难找到食物，为了存活，它们才不得不飞到南方。

那么，大雁在飞行的过程中，为什么总是排成"一"字或"人"字形呢？

原来，大雁的迁徙路程非常遥远，为了保存足够的体力飞到南方，它们除了依靠扇动翅膀飞行之外，还要借助其他大雁扇动的气流滑翔，而在排成"一"字形或者"人"字形的队伍之后，可以有效减少大雁的体力消耗，增加大雁的飞行距离。

当前方的大雁扇动翅膀时，它们的身体会带动一股向上的气流，后面的大雁借助这股气流向前滑翔，飞行起来更加省力。

其实，大雁南飞的过程是非常辛苦的，它们需要穿越层层阻碍，跋山涉水飞行两个多月，才能到达暖和的南方，而在躲过短暂的冬季之后，又要马上开始回家的旅程。

树大真的招风吗

　　旷野之中，一棵参天大树傲然耸立，任何人见到它都会忍不住赞叹。鸟儿在枝杈上筑巢，牛羊吃着它的枝叶成长，人们在树荫下乘凉，孩子们在秋千上飘荡……可是有一天，狂风呼啸而至，大树打了个喷嚏，叶子片片飘落，枝干也开始剧烈地颤抖。尽管它奋力挣扎，最终还是倒在了狂风中。或许，大树至死都不会明白：自己如此强壮，为何却被连根拔起？小草那么娇弱，为何能够躲过一劫？

　　嘿！树大真的招风啊，你们知道为什么吗？

　　首先，高度不同，风速也不同。从地面到高空，风速是逐渐变大的。高空空气稀薄，摩擦力小，能够阻挡风速的障碍物也比较少，故而风力也会更大。如此一来，树木越高大，受到的风力也就越大，树的摆动幅度也就越大，也就是说，作用于大树上的力量也就越大，此为"招风"。

　　其次，大树周围的气压不同。一般而言，树叶的正面比较光滑，背面相对粗糙，因此，树叶两面与风的摩擦力也不相同，进而形成了两种不同

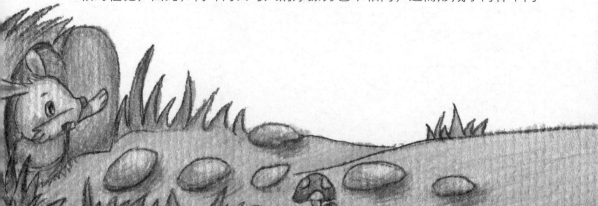

的气压。大小不同的压力相互交融，从而产生强烈的气流涡旋，使得大树非常"招风"。

　　还有一件有意思的事情，"树大招风"最早还是出自《西游记》呢！你们留意了吗？

雪花为什么是六角形的

冬天的早晨，一觉醒来，窗外竟然飘起了鹅毛大雪，远山近水，银装素裹，是否会令你雀跃不已呢？你是否曾经捧起白雪，仔细看看它们的"长相"呢？

从外形上看，雪花是六角形的，这与雪花的形成有关。

　　从本质上来说，雪花其实就是水汽在大气中遇冷，形成冰晶的过程。冰晶是一种晶体，具有和其他晶体一样的特性——有自己特定的几何形状，而冰晶属于六方晶系，也就是说，在结晶的过程中，它们会形成天然的六角形形状。如果是在寒冷的极地地区，气温极低，水汽充足，有时候冰晶还会形成六棱柱形呢！

　　不过，正如世界上没有完全相同的树叶一样，雪花虽然都是六角形，但是每一片形状都有些不同。

　　这是因为晶片在空中形成之后，在飘落的过程中，周围的水分子会不断地跟它结合。而它的六个突出的角，更容易与水分子相遇，并结合在一起。这样一来，晶片的六个顶角上就会逐渐出现一些分叉，并形成一片片造型各异、美丽异常的雪花呈现在我们面前！

六月会飞雪吗

　　《西游记》中，唐僧师徒过通天河时，鲤鱼精施展法力，使得天寒地冻，六月天里下起了鹅毛大雪。当唐僧在冰上行走时，鲤鱼精趁机抓走了他。可是，现实生活中，六月真的会下雪吗？

　　在回答这个问题之前，我们要先知道在什么情况下才会下雪。第一，空气温度在零摄氏度以下；第二，空气中的水汽达到饱和；第三，空气里必须有凝结核（指空气里的灰尘）。

　　这三个条件缺一不可。所以，一般情况下，六月是不可能下雪的。不过也有人可能会这样问：现在科技这么发达，不是可以人工降雪吗？六月

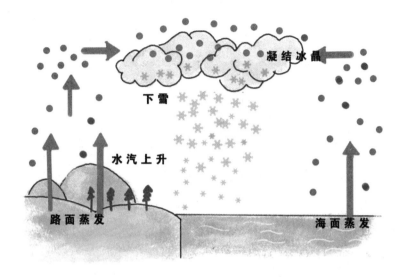

飞雪有什么不可能的?

要知道自然的规律是永远不能改变的,即使是人工降雪,以上的条件也必须齐备。不过,有时候就算凑齐了所有的自然条件,可雪还是像害羞的小姑娘似的迟迟不肯露面,这是由于高空冷云中水汽凝结的小水滴或者水汽凝华的小雪晶的体积太小、重量太轻的缘故。

这些小水滴和小冰晶平时是借助空气中的尘埃飘浮的,只有当它们积累到一定的程度,悬浮的尘埃无法承受其重量时,才会落下来。所以,必要的时候,人们需要用人工降雪的方式将它们"请"下来,也就是用飞机或者大炮把干冰喷洒在云层上,促使冷云里的水汽、冰晶快速聚结,并降落下来。

不过,夏天时,在一些冷暖气流冲突激烈的地区,也会出现低层的水汽被抬升到高层低温区,形成固态降落下来的情况,这种固态降落物叫作冰雹。但是这样的天气现象并不多见。

看到这里,你认为六月会飞雪吗?

为什么下雪不冷化雪冷

下雪了，我们到雪地里玩耍，大雪如鹅毛般飘洒在身上，痒痒的、凉凉的，并不觉得太冷。等到雪停了，太阳出来了，雪开始慢慢地融化了，反而会寒意逼人，甚至连手都冻得僵硬了。那么，为什么大雪纷飞的时候不觉得太冷，反而雪后初霁时冻得发抖呢？

下雪的时候，高空中盛行西南风，水汽凝结时会放出热量，暖湿的空气会随之下沉至地面，所以，下雪的时候我们不会感觉到非常寒冷。

降雪结束、天气转晴时，地面吸收太阳的热量，气温不断上升。由于热胀冷缩的缘故，热空气不断膨胀上升，而冷空气则趁机下沉，填补了热空气的空间。这样一来，冷气团就完全控制了地面。同时，积雪融化也需要从地面辐射中吸收大量热量，从而导致地表气温随之下降，所以人们往往会在化雪的时候感觉到寒冷。

其实，即便下雪时和化雪时的温度完全一样，我们也会"感觉"化雪时更冷一些。这牵涉到一个关于物质比热的物理问题。

比热就是一种物质每升高 1 摄氏度所吸收的热量。水是已知物质中比热最大的，需要吸收较多的热量才能把温度升上去。化雪时空气湿度大、水分多，其总体比热远大于空气干燥时。也就是说，化雪时的湿冷空气带走人体热量的效率要高于下雪时的干燥空气。

　　试想一下，零下几度的水汽与皮肤接触之后，升温到人体体表的 30 多度，然后随着空气的流动扩散出去，新的冷空气再补充进来。周而复始，自然会冻得人瑟瑟发抖。如果在干燥的空气中，人体只需提供极少热量就可以使水汽温度升高到体表温度，所以在同样的低温下，空气干燥时要显得"暖和"一些。这也是为什么在同样的温度下，南方感觉比北方更冷的原因。

　　现在你明白为什么下雪不冷化雪冷了吗？

为什么高处不胜寒

　　登山的时候，明明山脚下温暖舒适，可是一到山顶，尽管已经累得满头大汗，还是能够感到丝丝寒意。但是，山顶不是更靠近太阳吗？为什么距离太阳更近的地方，反而更加寒冷呢？

　　我们常常认为温度来源于太阳光的直射，然而，事实并不是这样的。空气温度的根本来源确实是太阳光的照射，可是大气并不能完全吸收太阳辐射的光线，大部分的光线被地面吸收，地面吸收太阳辐射的热量之后使地表增温，同时向四周辐射自己的能量，而我们所感受到的温度在很大程度上来自于地面辐射。所以，距离地面越高的地方，接受到的地面辐射就越弱，那里的气温也就越低。

　　也就是说，越往高处去，空气越稀薄；空气越稀薄，气温就越低。这是太阳辐射和大气辐射共同发挥作用的结果。通常而言，海拔与气温之间的规律

是这样的：海拔每升高 100 米，气温就会下降 0.6℃。

除此之外，人们还忽略了一个导致高处不胜寒的因素：人造气体的增加。人类生活在地球上，时时刻刻都在消耗着各种各样的燃料，排出各种有害无害的气体，这些气体总是悬浮在地表上空，也使得近地面的温度比较高，而高层大气中的温度比较低。

为什么水往低处流

　　狼站在河流的上游，冲着下游的小羊说："你这个坏东西，干吗弄脏我的水？"大象正好路过，看到这一幕后说道："你在上游，小羊在下游，水从高处往低处流，小羊怎么会弄脏你的水呢？"于是，大象就把小羊带走了。那么，你知道水为什么从高往低流吗？

　　这是因为地球存在着重力。那么，什么是重力呢？重力是地球吸引其他物体的力，就像一个强大的磁铁，吸引着地球上的每样东西向地面落去。

　　为什么地球会有重力呢？这是因为万有引力的缘故，万有引力是太阳系等星系存在的原因，没有万有引力，天体将无法相互吸引形成天体系统。

　　或许有人会问："重力都是一样大的吗？"不一定。在地面上重为50公斤的运动员被火箭送到距离地面6371公里的高空时，他的体重仅有12.5公斤，因为距离地面越远，重力越小。一位探险家从赤道到达北极，他的体重会明显增加，因为他在北极受到的重力比在赤道受到的重力大。另外，物体所受的重力与它的质量成正比，比值大约是9.8牛/千克，所以提的东西越多，就会感觉越累。

　　重力对我们的生活影响非常大，因为重力，人类才能头上脚下地正常行走，风霜雨雪才会落到地面上，河水才会向低处流动……我们的世界才会保持它现在的样子。

2

气象知识

qi xiang zhi shi

为什么日晕三更雨，月晕午时风

有时候，我们能在太阳或月亮的周围看到一些彩色的光环，非常漂亮，有时候又什么都看不到，这是为什么呢？有些人认为这些光环能够预测天气，你知道这又是为什么吗？

人们称这种漂亮的光环为风圈，气象学上也称为晕。太阳周围的光圈叫日晕，月亮周围的光圈叫月晕。可是，晕是如何形成的呢？

其实，晕与蓝天的形成原因是一样的。我们都知道光线是沿直线传播的，当阳光或月光在直射的过程中穿过卷层云时，光线受到冰晶的障碍，会发生折射或反射现象。由于太阳和月亮是圆形的，四周发光，所以，光线反射或者折射之后，便会形成圆形的光环。

那么，晕为什么能预测天气呢？原来，卷层云是冷暖空气相碰撞产生的，大多形成于低气压的前方，卷层云的厚度恰恰决定了晕圈的大小。

也就是说，当太阳周围出现晕时，说明天空一定存在大量的云，算是已经具备了下雨的条件。随着云彩的慢慢移动，当地面的温度下降之后，冷暖空气的剧烈对流容易形成锋面雨。

由于卷层云出现在低气压前方，而低气压中心往往风力比较大，所以出现月晕的时候，往往会有大风天气出现。风力的大小可以根据月晕光环的大小来判断，一般来说，晕圈与风力大小成正比。

民间有很多与之相关的谚语，比如"月亮撑红伞，有大雨"、"月亮撑蓝伞，多风去"、"月晕知风，础润知雨"等等，都是人们根据天气变化规律总结出来的经验。

为什么朝霞不出门，晚霞行千里

清早起来，看着红彤彤的天空，你是否觉得今天出门一定不用带伞？若你真这么做的话，那可要小心了，说不定很快就会变成"落汤鸡"呢！我国民间有句谚语，"朝霞不出门，晚霞行千里"，是非常有道理的。

早上，低空空气稳定，很少尘埃，如果当时有鲜艳的红霞，称为朝霞，这表示东方低空含有许多水滴，有云层存在；随着太阳升高，热力对流逐渐向平地发展，云层也会渐密，坏天气将逐渐逼近，这就是"朝霞不出门"的原因。

而傍晚，由于一天的阳光加热，温度较高，低空大气中水分一般不会很多，但尘埃因对流变弱而可能大量集中到低层。因此，如果出现鲜艳的晚霞，说明晚霞主要是由尘埃等粒子对阳光散射所致，说明西方的天气比较干燥。按照气流由西向东移动的规律，未来本地的天气不会转坏，所以有"晚霞行千里"的说法。

那么，朝霞和晚霞为什么是红色的呢？

　　其实，"霞"与"晕"非常相似，都是阳光在直射的过程中，穿过厚厚的云层时被云层中的尘埃颗粒散射的结果。

　　早晨空气清新，低空中的尘埃颗粒非常少，黄光、红光照射到大地上的概率也比较大；而在日落前后，经过一天的照射，空气比较干燥，低空中的尘埃将波长较长的红光、黄光散射到周围，使天空变得红彤彤的。

为什么山雨欲来风满楼

　　"溪云初起日沉阁，山雨欲来风满楼"，这句诗词描绘了一种优美的自然景色。不过，其中也包含了趣味性，为什么"山雨欲来"会"风满楼"呢？你们思考过这个问题吗？

　　这种现象往往发生在夏天。夏季天气炎热，空气中的水汽很多。水汽在高温的作用下，会膨胀上升，在高空形成积雨云。积雨云中不仅有上升的暖气流，也有下降的冷气流。当冷气流到达地面后，因其密度较大，所以会向周围补充、运动，于是便形成了风。当大风过后，积雨云已经积蓄到足够的小水滴，就会形成雨水降落下来。

　　在山区或丘陵地带，积雨云出现的概率要更高一些。这是因为山体的温度本来就很高，地面的热气流在上升的过程中被山体再度加热，增温更快，也更容易形成积雨云。

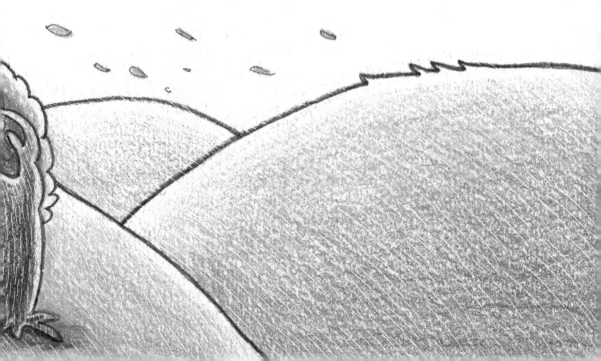

为什么清明时节雨纷纷

每年清明节前后，总是阴雨绵绵，以至于古人都要写诗感叹："清明时节雨纷纷，路上行人欲断魂。"那么，为什么清明时节总是多雨呢？

　　首先，从冬季向春季过渡时，一方面海洋上的暖湿气流逐渐北上，另一方面冷空气的势力也在逐渐减弱，到清明节前后，冷暖气流交汇，就会形成锋面雨。

　　其次，清明节前后，海洋上的暖湿气流不停地向大陆输送，大气层中的水汽比较多，这种水汽一到晚上就容易凝结成毛毛雨。

　　第三，春季多低气压天气，尤其在清明节前后，低气压天气更为明显，而低气压控制下的天气，多半伴有大风、阴雨。

　　综合以上原因，清明时节下雨的天气确实特别多。因充沛的雨水为春耕生产带来了方便，所以有"春雨贵如油"之说；又因来自海洋的暖湿气流会在大江南北徘徊，所以又有"春雨绵绵"的说法。尽管如此，也并不意味着每年的清明时节都会下雨，"清明时节雨纷纷"只是一种普遍的现象，并不是绝对的。

为什么一场秋雨一场寒

我国自古就有"一场秋雨一场寒"的说法，你知道为什么吗？

前面我们已经说过，冷暖空气的剧烈交锋会形成阴雨天气。每年秋天，来自西伯利亚的冷空气会逐渐移近我国的大部分地区，当这股冷空气与南方逐渐减弱的暖空气交锋时，就形成了降雨。

　　而且，随着冷空气势力的逐渐加强，南方地区的暖空气节节败退。在这场你争我夺的拉锯战中，往往会伴随着多场降雨，直到冷空气完全占领南方地区。所以，每一次秋雨过后，气温都会下降一点，我们也会感觉天越来越冷了。

　　此外，还有一个很重要的原因，那就是阳光的直射运动。我们知道，夏天的时候，太阳直射在北半球；冬天的时候，太阳直射在南半球；春秋季节，太阳直射在赤道地区。我国位于地球的北半球，秋天过后，太阳光线会越过赤道进入南半球，北半球接受的阳光照射也会越来越少，冷空气乘虚而入，借机南下，所以天气慢慢变冷了。

倒春寒是什么天气

　　春天来了，小草吐出嫩芽，零星的野花也慢慢开放了。不过，没过多久，天气突然又变冷了，特别是早上和晚上，总是寒气袭人，冻得我们冷手冷脚，感觉像是在过冬天。这就是"倒春寒"。

　　倒春寒是一种天气现象，指初春时气温迅速回升，又骤然降低的现象。造成倒春寒的主要原因有：频繁的冷空气侵袭、长期的阴雨天气等。

　　春天的天气往往比较多变，一旦遇到冷空气较强的情况，气温可能降至10℃以下，甚至形成雨雪天气，有时候这种低温天气可长达半个多月。春季是一年四季当中最喜怒无常的季节，它的气压、气流、气温等气象要素也总是变化无常。因此，春天气温非常善变，忽冷忽热，容易感冒。

　　倒春寒还是比较常见的，在美国、朝鲜、印度、日本等国家也会发生，

其形成原因并不复杂。在每年的 3 月左右，冬季风开始向夏季风过渡，在这段时期，从西北地区来的间歇性冷空气经常会向内地侵袭，这股冷空气侵入后，一路南下，就会与南方暖湿空气相遇，从而形成持续性的低温阴雨天气。而冷空气南下的时间越晚，强度越大，降温的范围越广，也就越有可能形成倒春寒。

露珠是怎么形成的

　　《安徒生童话》中的拇指姑娘被邪恶的癞蛤蟆带离了家门，在外漂泊的日子很辛苦，可拇指姑娘还是活了下来。她饿了就吃蜂蜜，渴了就喝露珠，可是她天天都有露珠喝吗？

　　露珠是怎样形成的呢？在温暖季节里，夜间地面物体冷却的时候，与物体表面接触的空气温度下降，在它降到露点以后，就会有多余的水汽析出，这样就形成了露珠。露点是什么呢？在零摄氏度以上，空气因冷却而达到

水汽饱和时的温度叫作露点温度。还有，露珠大都出现在晴朗、无风或微风的夜晚；同时，容易有露形成的物体，也往往是表面积相对大的、表面粗糙的、导热性不良的物体。所以，拇指姑娘并不一定天天都有露珠喝哟。那她怎么办呢？你可要帮她想想办法呀。

　　另外，露珠在农业生产中还是有很大的用途的。在农作物生长的季节里，常有露出现。在我国北方的夏季，水分蒸发很快，遇到缺雨干旱时，农作物的叶子有时白天被晒得卷缩发干，但是夜间有露，叶子就又恢复了原状。人们常把雨露并称，就是这个道理。

　　小露珠大作用，它不仅为拇指姑娘提供了水分，还帮助农民解决田地里的烦心事，真的功劳不小哦。

霜冻为什么被称为农作物的秋季杀手

秋天的早晨，我们常常能在地面和建筑物上看见一片片白色的霜花，不明就里的人或许会雀跃不已，认为是不可多得的良辰美景，有生活经验的人则会忍不住叹一口气，喃喃一句"霜冻来了"。那么，什么是霜冻呢？它真的是农作物的杀手吗？

　　霜冻一般出现在春、秋、冬三个季节，是指空气温度突然下降，地表温度骤降到0℃以下时的一种气象灾害，会给农作物带来极大的伤害。

　　它与霜是不一样的，霜指的是在地面温度低于0℃，且近地面空气中的水汽达到饱和时，水汽直接凝华而成的白色冰晶附着在物体上，是一种比较常见的天气现象。有时候，虽然出现霜冻情况，但是并没有霜形成。

　　在秋季，随着冷空气的入侵，气温明显降低，特别是在晴朗没有风的早晨或者夜晚，辐射散热增加，导致地面和植株表面的温度迅速下降，一旦植株体温下降到0℃以下时，植物体内的细胞就会脱水结冰，遭受霜冻危害。

　　我们将秋季发生的第一次霜冻称为初霜冻，初霜冻总是能够在悄无声息中严重冻伤农作物，因此被冠以农作物秋季杀手的称号。

什么是梅雨天气

梅雨是指每年6月中旬到7月上、中旬之间，我国江淮流域出现的一段连阴雨天气。这一时期，由于大气环流的季风调整，来自海洋的暖湿气流与北方南下的冷空气在江淮流域持续交绥，形成一条东西向梅雨锋，使得阴雨连绵和暴雨集中。由于正值江南梅子黄熟时期，故称"梅雨"。因这时高温高湿，衣物容易霉烂，故又称"霉雨"。那么，梅雨是如何形成的呢？

原来，在梅雨时期，亚洲高纬度地区的大气环流比较稳定、缺少变化，中纬度地区的西风环流则活动频繁，为江淮地区注入了较多的冷空气，而西太平洋上的暖气流也趁机西伸北进，输送到江淮流域。

在这种环流条件下，梅雨锋长期徘徊于江淮流域，而且非常活跃，不仅维持了梅雨期的连续性降水，而且为暴雨提供了充沛的水汽。不过，梅雨锋的暴雨强度一般比台风暴雨要小得多，但由于梅雨锋持续时间长，暴雨范围广，造成的洪涝灾害区域一般比台风要大。

同时，由于大气环流的变异性，导致每年梅雨的"入梅"和"出梅"日期不同，早晚可相差40多天。有的年份，梅雨锋特别活跃，暴雨频繁，造成洪涝灾害。有时梅雨锋不明显，则会出现"少梅"或"空梅"现象。

　　在正常情况下，7 月上旬后，江淮流域梅雨自南而北陆续结束，雨带移
至华北地区，江淮流域进入高温少雨的伏旱天气。

彩虹为什么总是弯弯的

你见过雨后的彩虹吗？是否曾为它的美丽和大自然的神奇造化而惊叹呢？那么，彩虹是怎么形成的呢？

雨后，空气里充满了小水珠，好像天然的三棱镜。当阳光从特定的角度照射过来，在穿透小水滴时，发生折射和反射，被分解成了七色光，美丽的彩虹就会出现在我们眼前了。

关于彩虹，我们都知道它们总是弯弯的，像一座弧形的桥。你知道这是为什么吗？

光线原本是笔直的，可是一旦进入水中，就会发生折射现象。而太阳光中其实包含着不同颜色的光线，不同颜色的光线在水滴上的折射能力也是不同的。

每种颜色经过水滴时的弯曲程度是特定的，比如紫色光的弯曲程度最小，而红色光的弯曲程度最大，黄色光和橙色光比它稍弱。这样一来，七种颜色的光线就会受自身特性的限制，以不同的角度折射，完美地排列在一起。

另外，地球是圆形的，其上空的水珠自然也是按照圆弧状排列的。当七色的光线经过水珠的折射，层层叠叠排列在一起时，自然也是弯曲的。

为什么雷公总是落后于电母

　　《西游记》中，雷公和电母总是形影不离，他们两个让孙悟空吃了不少苦头，但是也为凤仙郡下了一场及时雨。现实生活中，雷声和闪电也总是相伴而行，可我们总是先看到闪电，然后才听见雷声，这是为什么呢？

其实，闪电和雷声是同时产生的，只是二者的传播速度不一样，导致我们看见闪电和听见雷声之间产生了一个时间差。

　　光线在空气中的传播速度约为每秒钟 30 万公里，而声音每秒钟只能传播 340 米，二者之间的差距犹如云泥之别。当闪电在我们眼前舞蹈时，雷声还在急匆匆赶路呢。

　　电闪雷鸣之后，大雨往往也会随之而至，这就是我们所说的雷阵雨。那么，你知道雷阵雨是怎么形成的吗？

　　雷阵雨多发生在温度高、湿度大的天气里。此时，地表温度升高，较轻的气体不断上升，天空积雨云中的水滴越聚越多。当上升的气流承受不住这些水滴的重量时，便会"网开一面"，打开通道，任由这些水滴落向地面。但是，地面湿热的气体不会就此打住，仍然争抢着往上跑。

　　下落的水滴带着正电荷，上升的湿热气体带着负电荷，两者相遇，自然不会有什么废话，直接开始放电。伴随着轰隆隆的雷声，大雨倾泻而下。

真的有球状闪电吗

20世纪40年代的一天，在法国的一个小镇上，三名士兵遇到一场雷雨，他们急忙躲到一棵大树下避雨。然而，等到雷雨过后，他们依然静静地站在那里，路过的行人与他们说话，也不见回应。当行人走过去触摸他们时，三人却跌倒在地，化为了一堆焦炭……据说，他们是被球状闪电击中了。

1956年夏天的某个中午，苏联的一个农庄里突然下起雷雨，两个孩子躲进一个牛棚里避雨。忽然，一个橙黄色的火球从天而降，向他们扑来。情急之下，一个孩子踢了它一脚，只听轰隆一声，火球爆炸开来，炸死了11头牛，幸好两个孩子都没事。后来，人们才知道那个橙黄色的火球便是罕见的球状闪电。

类似的故事还有很多，历史上也不乏与球状闪电有关的记载。那么，什么是球状闪电呢？它真的有这么大的杀伤力吗？

球状闪电是一种真实存在的物理现象，具有很大的破坏力，而且非常顽固，很难被破坏掉，有人曾经用步枪射中过球状闪

电，但是一点用都没有。那么，球状闪电到底是怎样形成的呢？

这个问题至今仍是一个科学谜团，有些科学家认为它是汽化了的元素，如铜、钠、碳等，或者是一个灼热的空气团；也有一些科学家认为球状闪电是有外层电子壳的水、带电的尘埃或者离子体……但无论哪种说法，都无法完全解释球状闪电的所有特性。

鉴于球状闪电尚是未解之谜，如果你有机会看到它，不要忘了拍下照片哟，那将会是非常珍贵的研究资料。

什么是热岛效应

你听说过热岛效应吗？热岛效应与岛屿有关吗？其实，热岛效应并不是发生在岛屿上，而是发生在城市中。那么，它为何被称为热岛效应，又是怎么形成的呢？

热岛效应的主要表现是：城市中心的温度比附近郊区的温度高得多。这是由于城市中空气污染严重，空气密度比较大，保温效果也随之变得特别好的缘故。而郊区的空气质量相对较好，昼夜温差也比较大。

当城市的温度不断升高，并逐渐扩散到郊区时，城市就会变成低压中心，而扩散到郊区的空气遇冷收缩后，则会形成高压中心，如此一来，就会形成风，由郊区吹向城市。城市的空气受热膨胀后会继续扩散到郊区，随后这些空气形成风，再吹回城市，就这样不断循环，其原理与海洋上的大气循环是一样的。

　　这种情况下，高温城市就像是被低温郊区包围起来的岛屿一样，故而，人们称之为热岛效应。

　　形成热岛效应的根本原因是人们排放的工业废气、汽车尾气和二氧化碳等污染物，这些污染物不仅能够产生很高的热量，而且密度很大，具有保温作用。它们产生的热量，也不会马上飘散到空气中，而是被柏油马路、建筑物等吸收，到夜间气温下降的时候，再释放出来。

　　那么，你觉得我们该如何应对热岛效应呢？

黑风暴是一种什么现象

提起沙尘暴，或许大家并不陌生，即便没有亲身经历过，想必也一定听说过。沙尘暴是指强风从地面卷起大量沙尘，使能见度大大降低的一种灾害性天气现象。最猛烈的沙尘暴被人们称为黑风暴，据说如同狂魔一般，威力巨大，破坏力惊人。

1934 年，美国曾经遭遇了一场可怕的黑风暴。当时，从地表破坏最严重的美国西部开始，刮起了一阵强度极大的暴风，暴风裹挟着黄土，浩浩

荡荡地横扫了大半个美国。这场风暴整整持续了 3 天，大约 3 亿吨的土壤被移到了别的地方。令人恐惧的是，凡是沙尘扫过的地方，河流干枯、房屋倒塌、牲畜死伤……

黑风暴之所以如此可怕，是因为它能够将大量的沙土卷起，形成高密度、大面积的"城墙"，所过之处，遮天蔽日，飞沙走石。

那么，黑风暴是怎么形成的呢？

风和沙是形成黑风暴的两个必要条件。当一个地区的地表植被受到严重破坏时，就会引起土层的松动，同时，也失去了挡风的靠山。一旦刮起大风，就会将松动的土壤带走。如果风力足够强大，便会形成黑风暴。

从某种意义上来说，黑风暴其实是大自然对人类破坏环境的惩罚，我们应当引以为鉴，爱护自己的家园。

为什么会出现火烧云

　　火烧云千姿百态、变化多端，时而如火山喷发，时而如骏马奔跑，最是漂亮不过。但是，为什么所有的火烧云都是红色和橙色，而没有别的颜色呢？

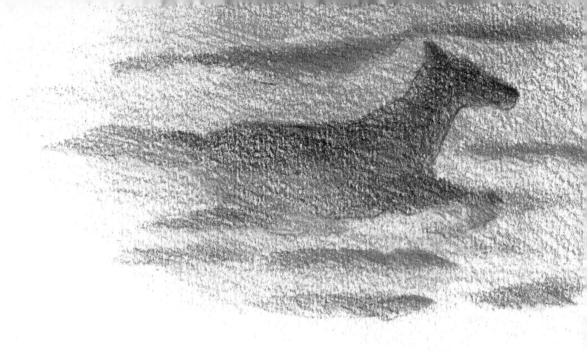

前面我们已经说过，太阳光线中包含红、橙、黄、绿、青、蓝、紫等七种色彩，之所以我们看不到其他的颜色，是因为当空气中有水汽、灰尘等微小颗粒时，波长较短的蓝、紫光线等都会被反射走或者散射走，唯有波长较长的红、黄光线能够安全抵达地球表面。

在太阳落山的时候，红、黄光线照射到地平线上，经过地面的反射、散射作用，使得近地面上空看上去红彤彤的，把底层云都给染红了，也就形成了火烧云。

那么，火烧云为什么会出现不同的形状呢？

这是因为太阳照射了一天，使得地球表面的水分不断蒸发，而蒸发了的水分会在地面上空形成底层云，随着蒸发水汽的不断上升，云层的形状当然也会不断发生变化。

峨眉宝光是怎么回事

　　作为中国四大佛教名山之一，峨眉山以它美丽的自然风光以及厚重的佛教文化而出名，可是在这片圣洁的宝地之中，人们发现了一个奇怪的现象：在云雾弥漫的峨眉山顶，有时候会出现一个七彩的光环。更奇怪的是，光环的中央还有一个忽大忽小的黑影，如果你站在光环面前朝黑影招手，黑影也会对你招手。人们把这一奇怪的现象称为佛祖显灵。不过，佛教只是人们信仰的一种宗教，是人们心灵的寄托，但是佛祖在现实中是不存在的。

既然如此，峨眉宝光又是怎么回事呢？

我们知道，很多高山的山顶都云雾缭绕，恍如人间仙境。由于峨眉山顶的空气中水分含量特别大，当阳光照射下来时，云雾中的水分会将光线中五颜六色的色彩反射或者衍射出去，从而形成近似于圆环形的光环。这种光环的大小、色彩、形状都不是固定不变的，而是与周围的环境有着很大的关联。

至于光环中的黑影，说得直白一点就是人像的影子。上面已经说过，光环的形成是由于空气中有很大的雾气，或者云层。当阳光从人们的背后照射过来时，其身影就会投射到云层上的光环中，于是，黑影就出现了。如此一来，黑影会模仿人们的动作也就不足为奇了，因为它们原本就是人们身体的投影。

海市蜃楼是怎样形成的

　　一群人跋涉于沙漠之中，眼前忽然出现一座美丽的城堡，过了一会儿，城堡又莫名其妙地消失了。那么，城堡是怎么出现在浩瀚的沙漠中的呢？

　　其实，我们看到的并不是真正的城堡，而是一种假象，这种假象通常被人们称作海市蜃楼。

　　在一些空气温度差异较大的地方，经常会出现上、下层空气温度不同

　　的情况，而温度的差异会造成空气密度的不同。温度高的地方，空气容易膨胀，从而导致空气的密度降低；而温度低的地方则刚好与之相反。

　　我们知道，光线在密度均匀的同种介质中是沿直线传播的。但是，如果光线由一种介质传入另一种介质，或者在不同密度的同一介质中穿过时，就会发生光线的折射。

　　假如在离沙漠很远的地方有一座城市，正常情况下我们是看不到这座城市的，但是由于沙漠下方的空气密度较大，上方的密度较小，所以来自城市的光线会在传播的过程中发生折射，将城市的面貌折射进上层空气当中，使城市的影像看上去比实际的高出很多。这时，沙漠中的人就可以看到远方的城市影像了。

麦田怪圈是外星人在作怪吗

在世界上的很多国家，都发生过这样一件怪异的事情：在麦田或者其他地方，不知道在什么力量的作用下，仿佛是在一夜之间，突然出现了一

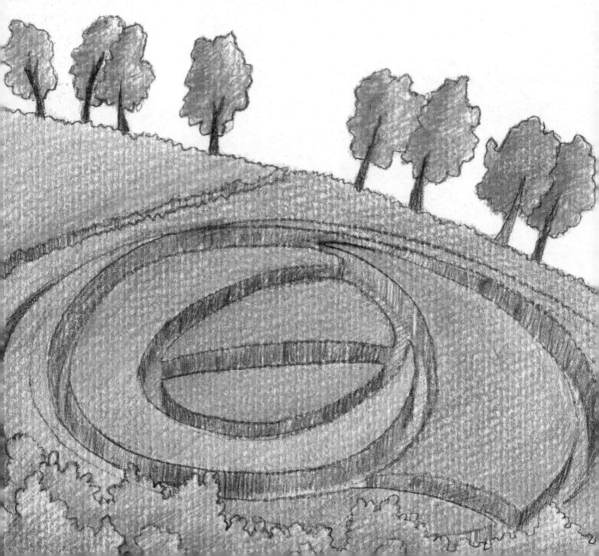

个形状古怪却又十分规律的几何图案。而这些奇形怪状的图案在出现的时候，没有任何征兆和动静，除了那些折断了的麦秆有规律地朝着一个方向倒下之外，人们找不到其他任何残留的痕迹，所以这个谜团始终无法解开。

由于麦田怪圈大多是在夜间形成的，所以曾经有人怀疑是一些无聊人士故意制造出来，借以引起人们的兴趣，或者吸引游客的眼球的。但是根据麦田怪圈的规律程度来看，人的力量是无法在很短的时间内做到的，况且，世界上很多地方都有麦田怪圈出现，它们又极其相似，如果是人为的，这又作何解释？

可是，麦田怪圈是怎么形成的呢？难道真的是外星人在作怪吗？不少科学家猜想，能够在如此短的时间内完成如此完美的杰作，很有可能是外星人所为，至少也是出自于一种神秘的未知力量。可是这种推测始终没有得到证实。

科学家们还作出了种种其他的假想：磁场说、龙卷风说、预告说、高频辐射说等等，但是每一种观点都存在漏洞。因此，麦田怪圈的真相始终没有答案。至于到底是不是外星人在搞鬼，谁也不知道。

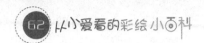
厄尔尼诺可怕吗

在太平洋东岸的秘鲁、厄瓜多尔等国家，都会定期出现由一股大洋暖流引起的自然灾害。伴随着太平洋海面气温的异常升高，世界三大渔场之一的秘鲁渔场通常会有大量的鱼群死亡，这对于以海为生的渔民来说是一场巨大灾难。

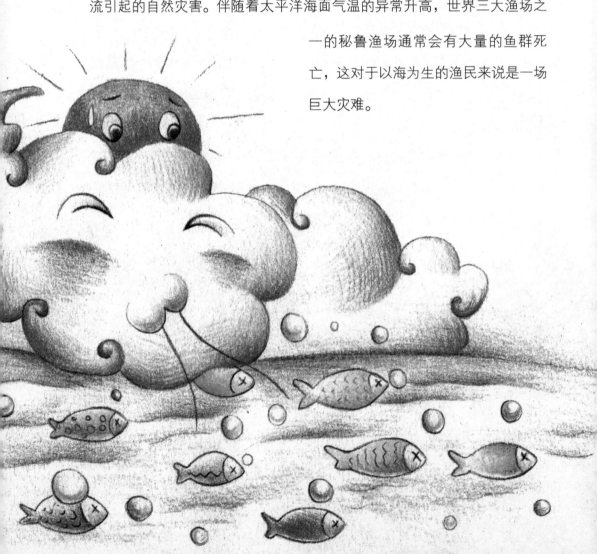

　　不仅如此，它还能在冷暖流交汇处形成海啸、狂风暴雨等恶劣天气，从而导致一部分地区因降雨过多而出现水灾，另一些地区却因降水不足而出现旱灾。这种可怕的自然现象常常在圣诞节前后的一两个月内出现，因此，很多人们将它称为"圣婴"，西班牙语"圣婴"音译为汉语就是"厄尔尼诺"。那么，这股暖流为什么具有这么大的负面作用呢？

　　其实，大自然的循环运动都是有一定规律的，洋流的运动也是如此。正常情况下，太平洋上热带区域的季风洋流都是按照从东往西的方向循环流动的，也能够定时为太平洋西海岸地区的国家带去充足的雨量。

　　然而，由于赤道附近的海洋与气候大范围的相互作用，会产生海洋表面风向与洋流发生逆转的现象。由于风向的改动，洋流也随之发生改变。原本从东向西流动的洋流，突然调转方向，逆向而行。

　　当温暖的洋流流经秘鲁渔场时，生性好冷的鱼儿由于一时不能接受温度较高的暖流，就会大量死亡。同时，寒暖流的交锋也会形成大量降雨，并且由于降水不均，会引起部分地区干旱，部分地区水灾。

　　不过，科学家们还在研究形成厄尔尼诺现象的其他可能性因素。

气温异常带为什么会冷热颠倒

炎热的夏天，人们总是希望一个凉爽舒适的环境；而寒冷的冬天，人们又会幻想一个暖和温馨的环境。太冷或太热似乎都不是人们的理想环境，因此，人们才发明了空调。可是地球上有一部分人，他们相当幸运，既不用忍受夏天的炎热，又不用害怕冬天的寒冷，因为他们生活的地区本身就像深埋着一个巨大的空调一样，冬暖夏凉。这似乎有点不可思议，真的有如此神奇的地方吗？

确实存在这样的地方，我国辽宁的东部山区就是例子。夏天，当别处的温度达到三十多摄氏度的时候，这里的浅层地下温度竟然在零下十摄氏度左右。而入秋之后，气温便开始逐渐上升，一般在冬季来临之前，天气就已经变得非常暖和了。

这样的地区被人们称为"气温异常带"。之所以说它异常，就是因为它打破了常规的自然规律：正常情况下，当地球公转到近日点时，气温就会变得非常高，天气非常炎热；而当地球公转到远日点时，气温就会变得非常低，天气非常寒冷。

有人推测，气温异常带的地下可能存在特殊的储气系统，可以同时储藏冷气和暖气。当天气寒冷的时候，暖气就自动释放；当天气炎热的时候，冷气就自动释放，这才导致了冬暖夏凉的环境。

也有人推测，气温异常带地下可能存在特殊的保温层，强烈的大气对流导致了冬暖夏凉的环境。

不过，这些也只是猜测而已，事实的真相还有待于考证。

3

地理现象

di li xian xiang

新疆沙漠中真的有魔鬼城吗

在新疆，有一座被称为"魔鬼城"的城堡。当天气晴朗、微风拂面的时候，人们能听到一阵虚无缥缈的乐曲，就像风铃在随风摇动。但是等到起风的时候，又会变成另一番景象：飞沙走石、天昏地暗，各种怪叫声不绝于耳，接着整个城堡会被笼罩在一片黑暗之中，就连城堡中的岩石看上去也十分"邪气"。

难道真的有魔鬼在捣乱吗？又是谁建造了这座魔鬼城呢？

我们先来看看魔鬼城的地质构造。经过漫长岁月的地壳运动，魔鬼城的地层逐渐形成了层层相叠的沉积岩，但是不同时代的岩石厚度并不相同，所以岩石的松实度也不一样。加之这里地处沙漠，气候干燥少雨，且温差较大，白天经过太阳炙烤后的岩石，晚间很容易因热胀冷缩而碎裂。

同时，新疆沙漠正对着准噶尔盆地的风口，常年受到西北风的影响，沙漠上又没有东西可以阻挡风力，所以常常会形成或狂暴、或轻柔的风。当这些风吹在岩石裂开的缝隙中时，自然会形成各种各样的怪声音。当风力特别大的时候，便形成了飞沙走石、尘土盖天的景象。

　　经过风雨的长期洗礼，这里的岩石被侵蚀得千姿百态，看上去"邪性"
十足。

　　闹了半天，原来根本没有什么魔鬼，一切都是大自然的力量，看来是
虚惊一场啊！"魔鬼"终于被揪出来了，再遇到这样的景象可不要害怕哦！

天山为什么能返老还童

如果你听说有人返老还童了，一定会觉得那是一个神话故事，那么，当你听到山也能返老还童时，会有怎样的感触呢？事实上，确实有山能够返老还童，那就是天山。

在4亿～5亿年前，如今天山所处的位置是一个波涛汹涌的海洋，地质学家称这个海洋为天山海槽。后来，经过地壳的运动，天山海槽演变为古天山。

古天山在历经千万年的风雨剥蚀后，高山上的岩石逐渐瓦解，山石崩落，泥沙流失，流水把高处的泥沙碎屑搬运到低洼的地方。就这样，古天山逐渐衰老，并最终消失了。而在从前的低洼之处，泥沙不断堆积，又形成一个新的天山，也就是现在的天山。

天山上还有一个巨大的湖泊，被称为天池，是非常典型的冰蚀湖。在很久之前，全球气候突

然变冷，迎来了一次大的冰川期，在天山地区形成了壮观的山谷冰川。后来，气候变暖，融化的冰川裹挟着大小不一的石砾沿着山谷向下滑，严重刨蚀了冰床，形成了冰蚀地形，而天山谷也成了巨大的冰窟。冰块融化之后，就形成了如今的天池。

　　这么看来，现在的天山，真是古天山返老还童的结果呢。或许，在很久很久之后，现在的天山也会走上古天山的老路，再次返老还童，那时候，下一个天山会是什么样子呢？

死亡谷为什么被称为地狱之门

　　昆仑山中，有一个草木茂盛、寂静无声的山谷，令人产生莫名的恐惧。这便是大名鼎鼎的死亡谷，也被人们称为地狱之门。

　　1983年，青海省的一位牧民在寻找走失的马匹时，不小心误入死亡谷，一进去便再也没有回来。后来，人们在一座小山丘上发现了他的尸体。牧民手握猎枪，眼睛因恐惧而瞪得溜圆，全身脏乱不堪。除此之外，并没有别的伤痕。如此古怪的死法，让人忍不住想起恐怖电影中的鬼怪……

　　然而，事情并没有结束。不久之后，在死亡谷附近进行地质勘探的工作人员也遭到了离奇的袭击。一位工作人员回忆说，当时只听见一声爆响，天上便下起了暴风雪，而他自己也莫名其妙地晕了过去。醒来的时候，发现周围很多草地都被烧焦，变成了黑色的灰尘……

　　后来，科学家们研究发现，死亡谷中的磁异常强度非常高，越是深入山谷，磁异常就越加明显，并且其涉及的范围非常广泛。可能是云层中因摩擦产生的电荷受到山谷中电磁的影响，导致云层放电，使这里成为雷区，所以不知情的人误入其中时，会受到伤害，以至于死亡。

虽然还没有太多证据证明这个推测的正确性，但这已经是人们能够作出的最好的解释了。

天河山为什么被称为中国爱情山

　　"七夕节"是我们中国的情人节，传说每到这一天，牛郎和织女就会在鹊桥相会。可是你知道吗，我国还有一座爱情山，也与牛郎织女的故事有关呢！它就是位于晋冀交界处的天河山。

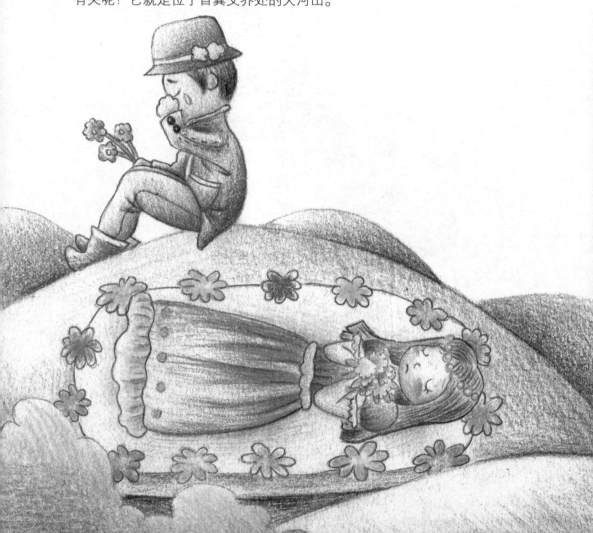

从前，在一个风景秀美的小山村中，有一个叫牛郎的小伙子，和一头老牛相依为伴，艰难度日。有一天，天上的仙女下凡，来到人间。牛郎在老牛的指引下偷看仙女们洗澡，并偷走了织女的衣服，最终二人结为夫妻，过上幸福的生活。王母娘娘知道后，把织女带回了天庭，为了防止她和牛郎相见，还用金簪划了一条天河，使二人两岸相隔……

没错，传说中的天河就是现实中的天河梁，而牛郎织女故事的原生地就是天河山。因此，天河山才被称为中国的爱情山，同时也成为了七夕文化之乡。

天河山的地质地貌也是非常奇特的，山体高低错落有致，平衡感很强，属于自然形成的丹霞地貌。天河山的水也值得一提，它源于山西高原地下水，并在山体断裂带处形成大小不同的瀑布、山泉、湖泊。每当汛期，河谷中水流量增加，带走上游的石块，而当石块遇上障碍物无法前进时，就会因水流的冲击而不断转动，久而久之，岩石凹陷处竟然形成了锅状的石穴。这是非常著名的自然奇观呢！

哪个城市被称为月亮城

　　在中国的传统中，月亮自古就与离愁别绪牵连在一起，甚至还产生了一种"月亮文化"，也有了"月亮城"，那么，你知道"月亮城"在哪儿吗？

　　扬州是月亮文化的兴盛之地，也是"月亮城"的所在地。古时候，很多诗人描写过扬州的月亮，如唐代诗人杜牧的"二十四桥明月夜，玉人何处教吹箫"、宋代诗人王安石的"春风又绿江南岸，明月何时照我还"等等，所以，扬州人对月亮别有一番感情。直到现在，仍然有很多人在中秋节时，千里迢迢地来到扬州赏月。可见，扬州"月亮城"的称呼，也算是深入人心了。

近年来，四川西昌也被称为"月亮城"。因为西昌是我国著名的卫星发射中心，嫦娥一号、嫦娥二号、嫦娥三号都是在这里发射成功的，圆了中国人数千年的登月梦。

从科技的角度来讲，西昌拥有我国顶尖的卫星发射水平，称它为月亮城是可以成立的；从人文的角度讲，扬州自古流传的月亮文化、月亮情怀也是非常值得一提的，称它为月亮城也完全没有问题。能够在同一时代，拥有两座"月亮城"，也是我们的幸运吧。

为什么香格里拉是人们心中的伊甸园

　　传说中，香格里拉是一个带着梦幻色彩的仙境，被称为人世间的世外桃源，虽然大部分人认为那只是一个虚幻的神话，可是，仍然有很多人相信香格里拉是真实存在的。为什么香格里拉具有这么大的魅力呢？让我们来解开这个谜团吧！

　　传说香格里拉就是藏经中记载的香巴拉王国，隐藏在青藏高原的深处，很少人能够找到这个地方。王国是莲花形的，中间是雪山，周围由八个区

域环绕，积雪终年不融。在这个美丽的王国里，花常开，水常清，庄稼总是在等着收割，甜蜜的果实总是挂在枝头，没有贫穷和困苦，没有疾病和死亡……

这个传说让很多人对香格里拉的生活充满向往：在雪域高原之中，有一座美丽的国度，那里有清澈的湖泊、绿色的草原和金色的寺庙，人与自然和谐共处，其乐融融……

现实中的香格里拉位于云南省迪庆藏族自治州，也是一片人间少有的仙境：雪山、峡谷、湖泊、草原，山环水绕、钟灵毓秀，完美的自然生态，独特的民族风情，显现出一幅人与自然和谐相处的祥和气象。如此优美的景色，人们怎么会不向往呢？

其实，无论是人们想象中的香格里拉，还是现实存在的香格里拉，都是难得一见的人间仙境，称它们为人们心中的伊甸园一点也不为过。

云南石林是天造的奇观吗

在云南石林景区，一望无际的石林气势恢宏，石峰嶙峋，或如飞禽走兽，或如山林精怪，鬼斧神工！

石林属于典型的喀斯特地貌。那么，喀斯特地貌是如何形成的呢？

说来你也许不敢相信，在 2 亿年前，这片石林的所在地曾经是一片汪

洋大海，后来，随着地壳的不断运动，变成了平地，再经过砂石的不断积累，才形成了岩石。再后来，大约 200 万年前，由于石灰岩的溶解作用，使彼此相连的石柱岩层互相分离开来，经过长年累月的风刮、日晒、雨淋，最终这片岩石被剥蚀成如今的石林……

也就是说，地壳运动使得深埋地下的石灰岩露出地表，后来经过地下水的溶蚀，以及风雨的侵蚀，最终形成了今天我们看到的这般模样。所以，这里的石林有的只有几米，有的却高达三四十米呢。

地壳运动的力量是不是很大呢？

望夫石真的是在"望夫"吗

语文课本里有一幅叫作"望夫石"的插图，望穿秋水之意跃然纸上，令人心酸。难道石头也有感情吗？它在眺望谁呢？

传说在上古时期，洪水肆虐，百姓生活凄惨。有一个名叫大禹的人奉命治理水患，不得不离开新婚的妻子，离开了家乡。以往发洪水的时候，大家都筑起河堤，堵截洪水，但是效果始终不是太好。于是，大禹采用疏导的方法，挖了很多沟渠，将洪水一路引到黄海。大禹治水非常辛苦，曾经三次从自己家门前经过，并听到了儿子启的哭声，都狠下心没进门去看看。

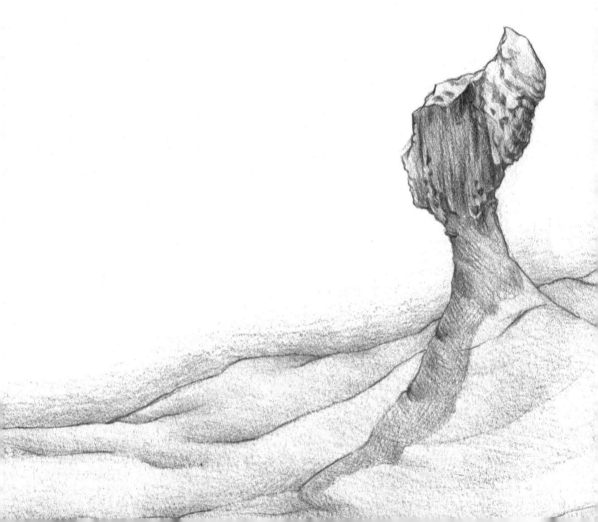

而大禹的妻子思夫心切，每天都往大禹治水的方向眺望，但是她望穿秋水，也没有等到大禹的归来。最终，她化成一块眺望远方的石头。后来，人们被她的故事所感动，称之为望夫石。这块石头位于涂山的东端，现在人们也称它为启母石。

其实，望夫石只是岩石长期受到外力的风化、侵蚀作用而形成的一种比较独特的造型而已。在很多地方，都有类似的石头，其传说也相差不大，都是妻子长期望夫化身成石。

不过，石头虽然没有感情，但是故事中人物的感情却令人动容。

四川盆地为什么被称为紫色盆地

我们都听说过西北的黄土高原，也听说过东北的黑土地，但是，你知道什么是紫色土地吗？四川盆地为什么又被称为紫色盆地呢？人们为何会对它们赞不绝口呢？

原来，早在中生代时期，四川盆地的位置就已经堆积了厚达几公里的紫色岩石，它们是砂岩和页岩。由于四川盆地属于多雨型气候，加之地形的特殊性，所以雨水常常会把山坡高处的沙石泥土冲积下来，这样深埋在地下的紫色岩石就会裸露出来。经过无数年的风化，岩石沙砾最终转变成今天的紫色土壤。

人们之所以称赞紫色土壤，

是因为其中富含很多利于农作物生长的矿物质，如磷、钾（它们的颜色多为紫色）等，是我国最肥沃的土壤之一。这里是棉花、甘蔗、柑橘等作物的重要产地。

东北的黑土地与四川的紫色土地有一些类似之处，都非常适合种植农作物，只是其形成方式却完全不同。东北是我国著名的原始森林区，经过经年累月的沉淀，枯死的地表植被、腐化的落叶等演化成了富含有机质的肥沃的黑色土壤。

同样是有色土壤，我国南方部分地区的红色土壤却富含铁、铝氧化物而呈酸性，不利于农作物的生长。

瞧，土壤中也有这么多学问啊！

为什么说丹霞地貌是最美的地貌

你见过绵延无尽、灿如红霞的山岩吗？它们造型奇特、赤壁丹崖，景色优美动人，气势磅礴壮观，让人一看就会觉得有火一般的激情。没错，它就是丹霞风貌，也是中国最美的地貌之一。广东韶关境内的丹霞山是世界上发育最完备、景色最优美的丹霞地貌分布地。

那么，这些灿如丹霞的岩石是怎么形成的呢？

在很久之前，现在的丹霞山附近是一个内陆盆地，后来受地壳运动的影响，盆地周围高山隆起，使得富含铁（红色）、钙的碎石屑沉积到盆地底部；又经过很长时间的沉积，最终发育成红色的沙砾岩层。后来，地壳的升降运动又使盆地得到抬升，红色的沙砾岩层露出地表。

　　最后，流水的侵蚀、切割作用使得沙砾岩石被分成若干个红色的山群，形成了石墙、石峰、石柱等各种样式的山峰，有的高耸入云，有的低眉顺眼，有的高低错落，有的淡雅宁静，风景非常秀丽。

　　很多佛教徒在此建寺传法，很多文人墨客为它吟诗作画，充满了弥足珍贵的人文情怀和文化价值。

间歇泉为什么会间歇喷水

　　在西藏雅鲁藏布江的搭各加地有一处神奇的泉水。之所以说它神奇，是因为它就像一个淘气的孩子一样，时而安静，时而喧闹。安静时，泉水涓涓流淌，和正常的泉水没什么区别。可是在片刻的安静之后，伴随着一阵震耳欲聋的响声，一条粗达 2 米、高达 20 多米的水柱冲天而起，周围也随之开始弥漫飘飘渺渺的雾气，看上去非常壮观。没过多久，泉水沉寂下来，复归祥和宁静，然而，几分钟之后，水柱再次喷薄而出……就这样循环往复，

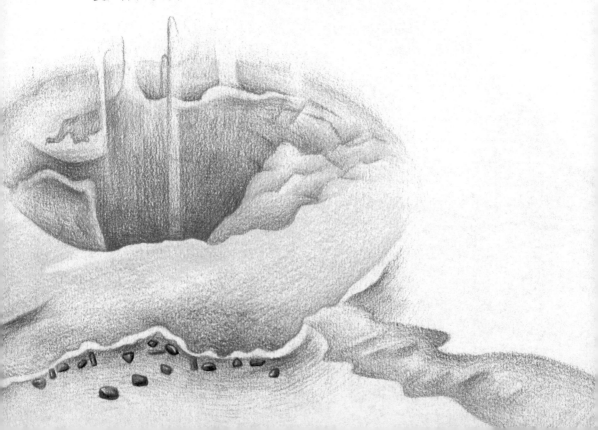

从无停歇。这就是西藏著名的间歇泉。那么，如此怪异而有规律的泉水是怎么形成的呢？

其实，间歇泉并不少见，在很多地方都能见到它的身影。

间歇泉多发生在火山活跃的地区，因为炙热的岩浆是形成间歇泉的首要条件。此外，还得有必要的水源和特殊的供水系统。只有三者兼备，才有可能形成间歇泉。

当炙热的岩浆在地下活动时，会不断加热上方供水渠道中的地下水。当水温达到一定的限度时，则会形成大量水蒸气，同时使供水渠道中的大气压力增大。当供水渠道无法承受过大的压力时，就会迫使水流从泉眼处喷出。当然，压力不同，间歇泉喷出的水柱高度也不相同。

当水柱被喷到高处以后，水温会逐渐冷却，同时使大气压力减小；当压力小到一定的程度时，水柱就会落下来。但是没过多久，地下岩浆会重新给供水渠道中的水加温，引发新一轮的水柱喷发。

倒淌河是文成公主的眼泪吗

　　传说在唐朝的时候，唐王李世民为了使汉藏两族能够友好相处，礼尚往来，就将年轻貌美的文成公主许配给了吐蕃（唐朝时候西藏的称呼）的君主松赞干布。

文成公主在去西藏的路上，走走停停，耽搁了很长时间。在日月山休息的时候，她因为想念家乡，忍不住远望长安，不禁泪眼婆娑。后来，她的眼泪汇聚成一条长河，就是现在的倒淌河。

因为这个传说的缘故，人们从倒淌河边经过的时候，总觉得这条河流之中有一种悲切的轻叹。真的是这样吗？你相信泪水能够汇成河流吗？

其实，文成公主的故事只是一种凄美的传说，但是，倒淌河是真实存在的。

它位于海拔 3000 多米高的察汗草原上，全长约 40 多公里。与我国的大部分河流不同的是，它发源于东部的日月山，自东向西顺流而下，最终注入青海湖。我国的地势是西北高，东南低，所以大部分河流都是自西向东流，然而这条河流却打破常规，从东往西流，这就是倒淌河名字的由来。

不过，据说倒淌河原本也是一条自西向东流的河流，后来由于地壳运动，水源地日月山突然隆起，河水只好掉头往西流，成为今天的倒淌河。

"黄河清，圣人出"的说法科学吗

　　有人说黄河水500年才能变清一次，也有传说千年难见黄河清。可是黄河水是从什么时候开始变黄的，又是如何变黄的呢？黄河水的变化与圣人有没有关系呢？

　　在很久很久以前，黄土高原上长满了茂密的森林，那时候的黄河水还非常清澈，它也不叫黄河，而是叫大河。后来，人们为了生存，开始砍伐森林里的树木，地表遭到大规模的破坏。于是，每到下大雨的时候，雨水就把松动的黄土、泥沙冲积到大河中。就这样，大河中沉积了越来越多的

黄土，水也越来越黄，渐渐变得浑浊不清了。到了唐朝的时候，人们看到黄河水是黄色的，于是就给它起了个外号叫作"黄河"。再后来，人们竟然把它的真名给忘记了，黄河的名称就这样流传了下来。

可是，黄河的含沙量实在太大了，常常在雨季时发生泛滥，使得下游的居民饱受洪水之灾。那时候的科技水平很低，人们找不到治理黄河的好方法，只得向上苍祈祷黄河水能够清澈一些。慢慢地，祈祷变成了传说，传说变成了神话，神话变成了信仰。人们逐渐开始相信，当我们国家出现一位仁德圣明的君主时，黄河水就会变清澈。

当然，这只是人们对美好生活的一种向往而已，因为黄河水的清浊是人与自然相处的结果。人们想要使黄河水真正变清澈，最好的办法是善待大自然，与大自然和谐相处。

堰塞湖是怎么形成的

汶川地震之后，震区出现了很多堰塞湖，给人们的生活带来了很多不便。

那么，你知道什么是堰塞湖吗？堰塞湖是怎么形成的呢？

一般来说，堰塞湖经常借助于山崩、泥石流、地震等自然灾害而发威。

泥石流、碎沙石等的大量堆积，一方面会使堰塞湖受到强烈的冲刷、侵蚀，

另一方面使湖中的水面突然升高，以至于出现"溢坝溃堤"的情况。这种来势凶猛的洪灾，对下游地区的破坏性是非常巨大的。不仅如此，有时候，人为的因素也能使堰塞湖发威，比如人工引爆等。

那么，是不是一旦遇到地震和山体滑坡等自然灾害，所有的湖泊都能变成堰塞湖呢？

当然不是了，堰塞湖的形成也是需要一定的条件的。首先，要有一个能够藏水的河谷，河床宽度不是很大，呈"U"形或者"V"形；其次，要有一定的外力作用，比如地震、滑坡、人工引爆等；最后，不管是突然的强降雨，还是河流本身蓄水量充裕，都要保证河谷上游供水充足。满足这三个条件才能形成堰塞湖。

金鸡湖是怎么来的

我们都知道，很多地名其实都是有来头的。那么，苏州东部的金鸡湖是一个什么样的湖呢？有着金鸡一样的外形，还是湖畔养着很多金鸡？

有人说，在上古时期有金鸡从天上掉下来，恰好落入此湖中，后来人们便称它为金鸡湖。当然，这只是一个传说，没什么可信度。可是，下面这个故事却得到了人们的广泛认可。

春秋时期，吴王夫差打败越王勾践之后，日渐骄纵，骄奢淫逸；勾践却卧薪尝胆，招兵买马，期待有一天能够东山再起。

勾践听说夫差爱好美色，便将倾国倾城的美女西施献给他。果然，自从有了西施之后，吴王再也不理朝事，整天寻欢作乐。

夫差有个女儿名叫琼姬，她非常聪明，一眼就看出了勾践的心机，再三叮嘱父亲提防勾践，可是昏庸的夫差不仅没有听进女儿的话，还将琼姬流放到苏州城东的大湖中反思。没过多久，越王勾践领兵攻到姑苏城下，贪生怕死的吴王夫差想要把女儿献给勾践来保全性命。琼姬宁死不从，羞愤之下，跳湖自杀。

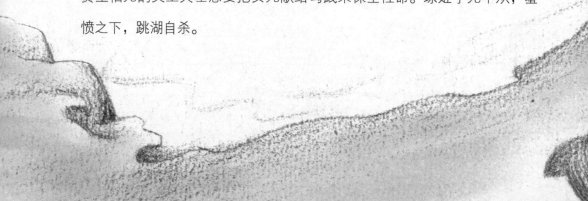

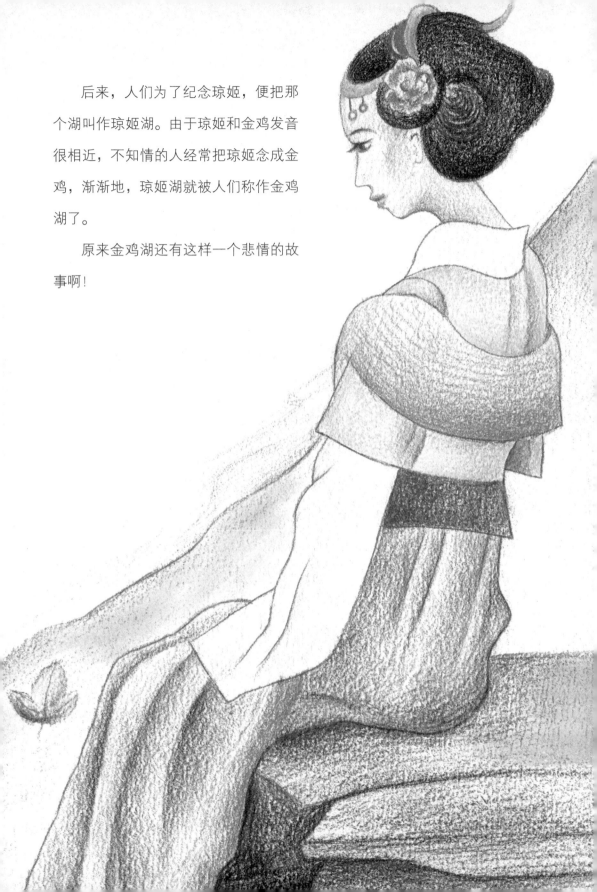

后来，人们为了纪念琼姬，便把那个湖叫作琼姬湖。由于琼姬和金鸡发音很相近，不知情的人经常把琼姬念成金鸡，渐渐地，琼姬湖就被人们称作金鸡湖了。

原来金鸡湖还有这样一个悲情的故事啊！

巧克力山是用巧克力做成的吗

　　菲律宾保和地区有一种被称为巧克力山的地貌，非常少见。大家一定很好奇，巧克力山真的是由巧克力做成的吗？

　　相传，有一个叫作阿拉贡的巨人爱上了一个名叫阿洛亚的农家姑娘，后来，不知道什么原因，阿洛亚死掉了。得知这个消息之后，阿拉贡非常伤心，忍不住痛哭了起来。也不知道哭了多久，他的眼泪全都化成了一座座小小的山丘，也就是今天的巧克力山。

　　其实，关于巧克力山的传说有很多种，这只是其中之一。而事实上，它是一种奇特的地质构造：在菲律宾保和地区，50平方公里的土地上大约分布着1700个山丘。平时，这些山丘上长满绿色植被，看上去并没有什么特殊之处。可是，一到草木干枯的季节，绿意消退，灰褐色的山体便显露出来，远远看去，好像无数块大大的巧克力，为此，人们称它为巧克力山。

　　那么，如此众多的山丘是怎么形成的呢？地质学家们作出了种种推测：

火山喷发时，岩浆外流、固化，
最终形成今天的巧克力山；地壳运
动时，岛屿露出海面，受到雨水的
冲刷之后，最终形成今天的巧克力
山……相对来说，第二种成因的认
可度比较广泛一些。

　　虽然种种假说都还只是
猜想，但至少有一点是可以
肯定的：巧克力山不是巧克
力做成的。

巨人之路是一条什么样的路

在英国北爱尔兰安特里姆平原的西部海岸上，有一条通往大海的天然之路。

数万根多边形的石柱，聚集成一条绵延 6000 公里的阶梯堤道，从峭壁伸至海面，数千年如一日地屹立在大海之滨。由于每根石柱的体积都很大，远远超过普通的铺路石，所以这条路被人们称为"巨人之路"。

传说远古时代，爱尔兰巨人要与苏格兰巨人决斗，于是开凿石柱，填平海底，铺成通向苏格兰的堤道，后堤道被毁，只剩下现在的一段残留。

那么，这些看上去非常整齐、非常有规律的石柱是如何形成的呢？

其实，关于它们的形成原因，科学家们也众说纷纭。有人认为它们是由于地壳运动导致的火山喷发而形成的，有人则认为这种玄武岩是在冰川时期受到海浪的冲刷以及冰川的侵蚀而形成的，所以，越接近海岸的岩石就越矮小，越远离海岸的岩石则越高大，也就是我们现在看到的阶梯状的

效果。

这样看来，第二种推断显然更具有说服力。不过，不管它们是怎么形成的，这种气势磅礴、美轮美奂的景观都是大自然的珍贵馈赠，值得我们尽力保护。

与"巨人之路"类似的柱状玄武岩石地貌景观，在世界其他地方也有分布，如苏格兰内赫布里底群岛的斯塔法岛、冰岛南部、中国江苏六合县的柱子山、中国福建漳州的牛头山景区等，但都不如巨人之路表现得那么完整和壮观。

其中，斯塔法岛上的玄武岩石柱群名气较大。几个世纪以来，很多诗歌和小说中均有关于它的文字描述；作曲家菲利克斯·门德尔松在 1829 年去该岛的一次访问中，被眼前的美景激发出灵感，创作了现在被称作《内赫布里底群岛》的著名管弦乐前奏曲。

怪石为何具有报时功能

在澳大利亚中部的沙漠中，有一座高 300 多米，周长约 8000 公里的怪石。我们为什么用"座"称呼这块石头呢？因为它实在是太大了，据说光地面上的重量就已经达到几亿吨。而且，这座石头不光块头大，还拥有一种不可思议的超能力——变色报时。

这座矗立在沙漠中的岩石，每天会通过有规律的色彩变化来播报当前的时间。早晨，当第一缕阳光洒下来的时候，它会穿上棕色的大衣；烈日当空的中午，它会换上灰蓝色的制服；而到了夕阳西下的时候，它又会穿上红色的裙子。

除此之外，它还能根据太阳光线的强弱来变化自己的身形，时而像一只水上潜艇，时而像鲨鱼的背鳍，时而像斜卧的巨人……

　　科学家曾经认为，怪石变色其实是光线反射造成的。由于沙漠中气候干燥，天空中很少有云彩出现，因此，光滑的岩石对阳光的反射作用非常明显，怪石上的不同颜色就是这么来的。

　　而它之所以会出现不同的造型，也是光线反射和折射的结果。由于阳光照射的角度不同，折射和反射的角度自然也不一样。故而，当光线进入人们的眼中时，就会形成不同的印象。

　　不过，这种解释并没有得到广泛的认可，所以，怪石现象的成因仍然有待考证。

什么是"撒哈拉之眼"

　　撒哈拉沙漠位于非洲北部，是世界上最大的沙漠，面积达到906万平方公里，仅仅比我国的陆地面积小一些。在这片广袤的沙漠中，有一处非常神奇的地质奇观——撒哈拉之眼。

　　"撒哈拉之眼"的内部地形比较平坦，外部则如同一个同心圆，直径达48公里，从地球上空鸟瞰，如同一只巨大的眼睛，因而得名。

　　我们都知道，沙漠通常荒凉空旷，缺乏生机。然而，"撒哈拉之眼"周围却长满了生机勃勃的植物，这是非常令人不可思议的。

　　那么，"撒哈拉之眼"是如何形成的呢？

最初的时候，人们推测该地形是由于陨石碰撞而形成的，但是科学家并没有相关的证据，于是这种假想就被否定掉了。现在，人们普遍接受的观点是，该地形是在地壳运动的过程中，地形抬升以及外力侵蚀共同作用的结果。

至于为何会形成如此巨大的圆形，科学家还没有找到令人满意的答案。

百慕大三角为什么被称为"魔鬼三角"

　　如果有人告诉你，世界上有这样一个神秘的地方：在这里，飞机、轮船可能会神秘地失踪，而且不会留下丁点儿的蛛丝马迹，就连驾驶技术最好、最有经验的航海员或者飞行员路过那里，也会心有余悸、高度紧张，你相信吗？

　　这种地方是实实在在存在的，它就是百慕大三角，又被人们称为"魔鬼三角"。那么，这个令人闻之色变的称号是如何得来的呢？百慕大三角

真的这么可怕吗？

百慕大三角指位于大西洋上的百慕大群岛、迈阿密（美国佛罗里达半岛）和圣胡安（波多黎各岛）这三点连线形成的三角地带。1945年12月5日，5架载有14名年轻士兵的海军飞机在这里离奇失踪，从此掀起了百慕大三角的神秘面纱。

从19世纪开始，在百慕大三角地区已经发生了上百起神秘失踪事件，不光人、物下落不明，就连飞机、轮船的残骸也不见踪迹。以人类现有的科学技术手段，或按照正常的思维逻辑及推理方式均难以解释这些超常现象，因而到了近现代时，它已成为那些神秘的、不可理解的各种失踪事件的代名词。

关于百慕大三角的真相，科学家们有很多种猜想：超自然说、磁场说、黑洞说、平行时空说、外星人说等等，但是，到目前为止，还没有人能够找出足以令人信服的答案。

不过，也有一些人认为在找到足够的资料以后，百慕大三角的大多数事故都能得到合理的解释，并不神秘。比如，有些是因为遇到了飓风；有些是船体结构本身有缺陷又遇到坏天气；有些失踪的船只的航线经过了百慕大三角，但是我们并不知道它们是否是在那里失踪的；有些事故发生时并不神秘，但在许多年后，持神秘现象观点者在寻找证据时，却开始把它们也算入了神秘事故；有些是在别的地方发生的事故，也被算进了百慕大三角之中；还有一些事故的关键性细节，甚至整个事故，都是虚构的。

巨人岛真的可以催人长高吗

在不少神话故事中，都有关于巨人国的描写，我们往往一笑了之，从来不会当真。但是，在充满童话色彩的加勒比海，有一个叫作马提尼克的小岛，据说具有令人长高的神奇魔力，以至于岛上的居民——无论男女——都长着高挑的身材，因此，它被人们称作巨人岛。

在巨人岛上，成年女性的平均身高在 1.74 米左右，成年男性的平均身高在 1.9 米左右。倘若成年男女的身高达不到上面的数据，就会被列入矮子的行列。

　　不仅岛上的居民如此，就连外地人在岛上居住一段时间之后也会长高。一位年过六旬的法国老人，在岛上居住两年之后竟然长高了 8 厘米；而一位 40 多岁的外来考察员仅仅在岛上停留了 3 个月，竟然长高了 4 厘米。

　　而且，巨人岛不光对人有作用，就连岛上的动物、植物等也都长得非常迅速。为此，科学家们作出了种种推测，并找出了其中的原因。

　　原来，在这个火山活跃的小岛上，盛产一种黑色的火山石。这种火山石中含有很多稀有的元素，能够促使人和动植物快速生长。

　　在巨人岛的神秘面纱被揭开之后，很多游客都会买一些黑色火山石回家，用水泡茶喝。据说经常喝火山石泡的水，不仅能够长高，还能防止癌症，治疗肠胃疾病。

岛屿真的会神出鬼没吗

　　我们能用神出鬼没来形容岛屿吗？要知道，岛屿、高山、城堡等等一般都是固定不动的，难道岛屿长了脚不成？竟然还会神出鬼没！

　　事实上，这里的岛屿并没有长脚，但是真的能够神出鬼没。如此神奇的岛屿，我们来认识一下吧！

　　1831 年 7 月，在南太平洋的西部海域中，随着火山的喷发，一座小岛突然从海底冒出来，并在很短的时间内成长为一座方圆 2.5 公里的岛屿。这座岛屿并不是太大，但是奇快的成长速度却让人赞叹不已。然而，当人们刚要全面考察它时，它却像幽灵一样神秘消失了。

　　这件事情并没有到此结束。

　　1890 年，当所有人都快要忘记这座小岛时，它又神不知鬼不觉地浮出

了水面；8 年之后，它再次消失。1967 年，它又一次浮出水面；第二年，再次离奇消失。就这样，它时而悄悄出现，时而突然消失，来无影，去无踪。

如此行踪不定的岛屿在很多大洋上都曾出现过，这究竟是怎么回事呢？

原来，这种现象是由大洋底部的火山喷发造成的。我们知道，每一次火山喷发，都会有大量的熔岩、杂物沉积，当这些喷发物堆积到一定程度时，就会形成不同规模的岛屿。这就是海上岛屿突然出现的原因。

可是，它为什么又会突然消失呢？这是由于海水的不断侵蚀、冲刷，使得新出现的岛屿越来越小，直至被海浪彻底吞噬掉了。

但是，等到下一次火山喷发的时候，岛屿又会重新冒出来，随后，海水会再次把它毁灭。就这样循环往复。

尼亚加拉瀑布是跨国瀑布吗

山脉可以从一个国家绵延至另一个国家，河流也可以从一个国家蜿蜒流入另一个国家，似乎并没有什么稀奇的。可是，瀑布也能跨国吗？

　　尼亚加拉河是美国与加拿大的边界河，是两国的分界线。它从源头美国的布尔多流至加拿大安大略的途中，经历了 99 米的海拔落差。在河水进入下游之后，由于地形变化较大，使得河床突然变得陡峭不平，水面也变窄了很多，所以水流变得非常湍急。

　　并且，在美加边境的一个 90 度的转弯处，有一个很大的断层，湍急的水流从断层上落下时，犹如万马奔腾，声势浩大，非常壮观，有时跌落而下的水面落差竟然高达 15 米。有趣的是，瀑布在倾泻而下的过程中分成了两部分，一部分流经美国境内，一部分流经加拿大境内，但最后又汇合到一起，继续往前流去。这就是世界最大的跨国瀑布——尼亚加拉瀑布。

　　其实跨国瀑布也并不少见，其中较为著名的还有巴西与阿根廷交界处的伊瓜苏瀑布和赞比亚与津巴布韦交界处的维多利亚瀑布。

"天空之镜"真的存在吗

说起镜子，每个人都不陌生。可是，你知道吗，世间竟然有一面可以映照天空的镜子。白天，可以从镜子中看见悠悠白云；夜晚，可以从镜子中看见满天星斗。不管是良辰美景，还是暴雨闪电，我们都能在抬头间，或者俯首时一览无余。这就是被称作"天空之镜"的乌尤尼盐沼。

那么，人们为什么把乌尤尼盐沼称为"天空之镜"呢？

首先，乌尤尼盐沼是世界上最大的盐沼，面积达 9065 平方公里，大到足以充当天空的镜子。

其次，乌尤尼盐沼地势平坦，湖水清澈透明，几乎毫无波澜，能够完

美地反映天空的景象。

　　站在远处瞭望，乌尤尼盐沼好像一面大镜子，水天相连，几乎看不到分界线。面对此情此景，人们会不由自主地产生一种超脱天地之外的感觉。

　　据说大约 4 万年前，这里原本是一个巨大的湖泊，湖泊干涸后，形成了一块月牙形状的盐沼地，也就是如今的乌尤尼盐沼。乌尤尼盐沼昼夜温差极大，而且气候干燥，不过当你漫步在盐沼的天地里，沉浸在纯白的世界里，会彻底被这令人窒息般的美丽所折服。在一望无际的白色世界里，人们感受到了世外桃源般的纯净与美丽。乌尤尼盐沼不仅拥有美到极致的自然风光，还是许多珍稀动植物生活的天堂。生长了千年的仙人掌、稀有的蜂雀，还有粉红的火烈鸟，它们的身影为乌尤尼盐沼增添了勃勃生机。

血池温泉是人间地狱吗

温泉是一种纯天然的并含有很多对人体有益的微量元素的地下热水。泡温泉不仅可以放松身体，缓解压力，还能够起到健康养生的效果。不过，如果有这样一个温泉：池子里满是血色的泉水，水面上飘着缕缕白烟，你敢跳进去吗？

日本的血池温泉便是这副面貌。不过，尽管它面目可憎，好似恐怖电影中的地狱一般，却挡不住络绎不绝的游客。那么，为何它具有这么大的吸引力呢？

首先，血池温泉周边的景色非常优美。血池温泉周围山清水秀，白雾飘渺如纱，亭台楼阁精致绝伦，小桥流水恍若仙境，使

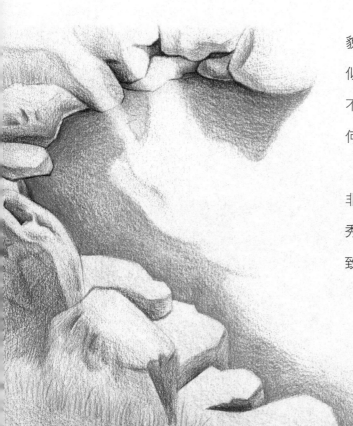

人一见便生流连忘返之心。

　　其次，血池泉水中含有大量的铁元素和很多其他微量元素，对人体健康很有帮助。其中，铁元素是导致其泉水血红的主要原因。

　　其实，在很久以前，日本人将血池温泉称为地狱，就是因其形象凶恶，使人畏而远之，不敢靠近，与佛教中的地狱非常相似。后来，人们逐渐了解了它的功效，才改称其为血池。

野柳为什么被称为中国最美的海岸

千万不要以为野柳是野生的柳树，它可是台湾著名的风景名胜呢！

很久以前，台湾人民以海为生，依靠打鱼、养殖挣来的钱财换取大米，

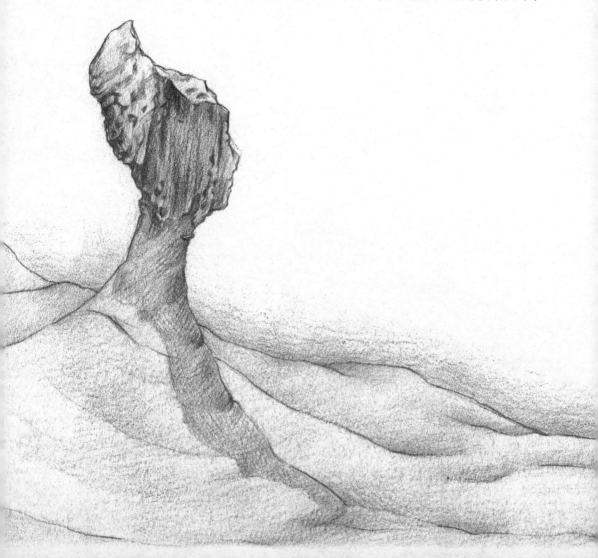

艰难度日。但是，在大陆和台湾之间奔波的米商却时常受到海盗的袭击。每当船队行进到台湾东北角的一个窄小的海岸时，海盗倾巢而出，围追堵截，往往给米商造成惨重的损失。

为此，米商一提到运送大米的事情，便会非常生气地说："大米又被'野'人给'柳'（偷）走了。"久而久之，海盗时常出没的那个海岸，就被人们称作"野柳"了。

那么，到底野柳是一个怎样的地方呢？

野柳位于台湾省基隆市的西北方，是一个突出海面的岬角地带。在数万年前，受造山运动的影响，曾经深埋在水底的沉积岩露出了水面。后来，经过海蚀、风化的作用，使得海岸岩层形成了海蚀崖、海蚀洞、姜状岩、豆腐岩等著名的自然景观。

不仅如此，这种或像人、或像动物、或像器物的岩石，不仅造型惟妙惟肖、生动传神，还绵延了1700多米呢！如此美丽的海岸，称其为"中国最美的海岸"，也是实至名归的。

北极的*冰屋*能住人吗

　　北极冰天雪地、气候寒冷，生存环境极其恶劣，尽管如此，因纽特人及其祖先仍然在这里生活了上万年。因纽特人以打猎为生，住在冰块做成的房子里。是不是觉得很不可思议呢？他们是怎么在冰屋里生活的呢？

　　北极地区纬度很高，经常会刮大风，为了防止大风把房屋吹倒，因纽特人习惯用坚硬的冰块做材料——其实，北极也没有太多的材料可供选择——垒房屋。并且，他们还常常把屋顶打磨成半圆形，以减少空气与冰块的摩擦力，减缓冰块的融化速度。不过，尽管如此，冰屋最多也只能存在 50 天，所以他们需要不停地建造房屋。

　　建造冰屋的第一步是选择一个开阔、向阳的平地，再确定一个具体的地基，然后将之切割成各种规格的大冰砖，这样就可以砌冰屋了。以后，大冰砖每叠加一圈，向内收缩一点，圆圈便愈来愈小，最后形成一个封闭的、半球形的圆顶。在南面一方开一小窗，小窗上方要伸出一块板形的冰块，可遮挡雪花飘打窗户，亦可折射太阳光线，使其能直照室内，而不是照在北面的大冰砖上。

　　第二步是在冰屋靠地的部分凿一道门，这门极为低矮窄小，简直只能算洞了。好在因纽特人天生身材矮小，很灵巧，他们在冰屋门前只须一滑便能溜进屋内，毫不费力。至此，冰屋并未建成，只算完成了一半的工作，接下来是在那半球形屋顶罩住的土地上挖掘一个深坑，这个深坑是冰屋的一大组成部分，因为冰屋既是垒成的，又是凿成的。它是以地平线为基点，既向天空发展，又向地下掘进，这正是冰屋的妙处，也足见因纽特人的聪明。因为在雪地上向下掘一个深洞绝对比向天空垒一个高屋要省事很多，也安全得多。这种深挖洞、浅筑顶的做法的另一科学之处是，冬日居于地下，要比居于地上相对温暖一些。

　　那么，在冰屋中居住，因纽特人是如何保温的呢？

　　原来，北极地区生活着很多海豹，其皮毛的保温效果非常好。因纽特人常常把它们的皮毛剥下来，做成衣服或者铺在床上，非常暖和。这样一来，尽管他们睡觉的床、吃饭用的桌子都是冰块做的，但只要铺上厚厚的海豹皮，便不会再感觉到寒冷了。况且，因纽特人在睡觉的时候，是钻到海豹皮做的口袋中的，自然更加不会觉得寒冷了。

　　其实，无论生活在什么地方，人们都会为了生存而发明一些应对恶劣环境的方法，这也是"物竞天择、适者生存"的必然结果。

为什么南极比北极冷得多

北极和南极都位于地球上纬度最高的区域，受到同一个太阳的照射，有着一样的白天和黑夜，但奇怪的是，两个地方的温度却有着很大的差异，这是怎么一回事呢？

在解答这个疑问之前，大家可以先拿出世界地图或者地球仪，看看南极与北极的地形有什么不同，然后再回答这个问题就容易多了。

的确，北极与南极同处于地球的两端，整体接受的太阳照射也相差不多，按说不应该有太大的温度差异。但事实是，北极与南极地形、地势迥然不同，

温度也相差甚多。

北极的陆地很少，大部分区域被海水所覆盖，而海水的比热容非常大，能够吸收相当多的热量，可以有效地调节气温。也就是说，对于水域面积广阔的北极而言，海水相当于一个极大的存热器。因此，北极的气温相对要高一些。

但是南极就不一样了。由于它的海域面积较小，对气温的调节作用比较弱，所以它的相对温度就低一些。同时，南极的陆地面积比较大，积雪终年不化，一方面白雪和冰块对太阳的反射作用非常明显，使得地表无法储存到足够的热量，另一方面也导致南极的冰层越来越厚，已经累积到2000多米的高度。根据海拔每升高1000米，温度下降6℃的自然规律，其气温低于北极，也就在意料之中了。

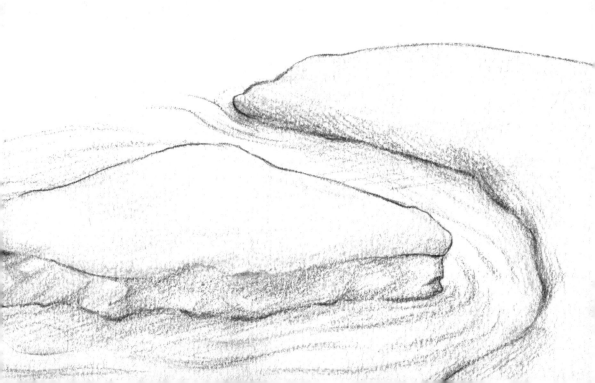

赤道附近会出现雪山吗

如果有人告诉你：地球上最热的赤道地区竟然有一座雪山，你会觉得惊讶吗？大自然无奇不有，让我们来看一下赤道附近的雪山是怎么形成的吧！

乞力马扎罗山位于坦桑尼亚东北部，海拔 5895 米，是非洲的制高点，素有非洲屋脊之称，也是著名的赤道雪山。

我们知道，海拔越高的地方，温度就越低。因此，很多高山的气候都呈现出垂直变化的特征。乞力马扎罗山因为阻挡了印度洋上潮湿的季风，故水源充足。水流和气温条件相结合，使乞力马扎罗山从上到下形成几个迥然不同的山地垂直植被带。4000 米以上，是典型的冰原气候，越往下，则温度越高，依次变换为温带、亚热带和热带。

　　在乞力马扎罗山的山顶，积雪终年不化；山腰处生存着温带和亚热带动植物；山脚下，则生存着众多的热带动植物。可以说，一座乞力马扎罗山，便养育了寒、温、热三带的野生动植物，堪称非洲大陆的生态园。

　　但是，由于全球变暖，乞力马扎罗山的冰雪消融、冰川消失现象非常严重，在过去的 80 年内，冰川已经萎缩了 80% 以上。有环境专家指出，乞力马扎罗山雪顶可能将在 10 年内彻底融化消失，届时乞力马扎罗山独有的赤道雪山奇观将与人类告别。

4

生活常识

sheng huo chang shi

怎样才能快速剥掉鸡蛋壳

　　很多人都会把煮熟的鸡蛋放在冷水里面浸泡一会儿，然后再拿出来剥皮，你知道为什么吗？

　　这是因为鸡蛋被冷水浸泡之后，比较容易剥皮。

　　一般的物质都具有热胀冷缩的物理特性，但是，不同的物质却会有不一样的伸缩能力。虽然软软的蛋黄、蛋白和硬硬的蛋壳共同组成了鸡蛋，但是它们的伸缩能力却有着很大的差异。在温度比较均匀或者温度变化不大的时候，它们的伸缩能力差不多，不过，一旦遇到温度急剧变化的情况，它们的伸缩步调就很难保持一致了。

　　也就是说，把煮熟的鸡蛋骤然放入冷水中时，蛋壳遇冷，会迅速开始收缩，而蛋白和蛋黄被蛋壳包裹着，还保持原来的温度，体积并没有发生变化，于是，一部分蛋白会被收缩的蛋壳挤压到鸡蛋的空隙处。

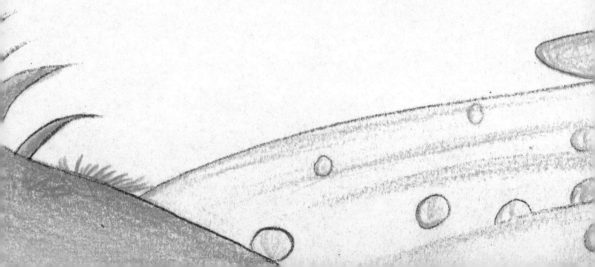

过了一会儿，随着温度的逐渐降低，蛋白也会开始收缩。但是，由于蛋壳和蛋白、蛋黄的收缩程度不同，自然而然地也就分离开来。

　　如此一来，剥鸡蛋时就省事多了。

喝汽水时为什么老打嗝

在炎热的夏天，拿出一瓶汽水，一口气灌下去，冰冰凉凉的，顿时觉得神清气爽。或许，你还会忍不住打个嗝呢。那么，为什么喝完汽水后比较容易打嗝呢？

在解答这个问题之前，我们首先要弄清楚一个概念，就是气体溶解度。它是指气体在一定的压强下，能够在一定量的水中溶解的气体体积。一般而言，温度越高，气体的溶解度就越小；压强越大，气体的溶解度也会随之增大。

与之相对应的是：溶解度越大，气体的体积越小；溶解度越小，气体的体积则越大。

了解了这些之后，我们再来看看汽水。汽水其实只是一瓶二氧化碳水溶液，在制作过程中，通过增大压强的办法，把大量的二氧化碳密封在糖水里。

当我们喝下汽水时，压强减小，二氧化碳的溶解度也会随之减小，其体积则会变大；加上人体的温度比较高，二氧化碳的体积会再次膨胀。于是，大量的二氧化碳就会以气体的形式从我们的身体里冒出来了，而打嗝正是我们排出体内多余气体的方式。

这就是我们喝汽水容易打嗝的原因，你明白了吗？

冻豆腐为什么千疮百孔

　　豆腐原本是平滑细嫩的，为什么冰冻后的豆腐却变得像泡沫一样松软多孔呢？

　　原来，在豆腐的身体里本来就有很多小孔，它们有大有小，有的是闭合的，有的是相互连通着的，而且，这些小孔里面全都充满了水分。我们都知道，水有一种奇异的特性：在4℃时密度是最大的，此时体积也最小；而在0℃时，水结成了冰，冰的密度比水小，所以体积会增大，大概要比常温时水的体积大上10%左右。

　　当我们把豆腐放进冰箱时，豆腐里的水冻成了冰，体积增大，将豆腐里面的小孔越撑越大，整块豆腐也就慢慢变得千疮百孔了。

　　等到我们将冻豆腐从冰箱里取出来时，冰块融化成水，又从豆腐里面溜走，就只剩下那些数不清的孔洞了。在烹调冻豆腐时，汤汁、调料浸入孔洞，因此吃起来显得格外有弹性，也非常美味。

木柄的勺子为什么不烫手

　　狐狸妈妈带着小狐狸去集市上买一些生活用品。到了厨具店里面，小狐狸东看看西瞧瞧。突然，他看到一把很漂亮的勺子，勺子是不锈钢的，看起来特别明亮，都可以拿来当镜子用了。小狐狸对妈妈说："妈妈，咱们就买这把勺子吧！你看它多漂亮啊！"

　　狐狸妈妈拿了一把木勺子，对小狐狸说道："孩子，你手里这把不锈钢勺子虽然看起来漂亮，可是却没有木勺子用起来方便啊！"你知道狐狸妈妈为什么这么说吗？

　　一般的物体，都具有导热性。但是，不同的物质，其导热性是有很大差异的。木头的导热性很差，当它接触高温时，不会马上导热，也就不那么烫手了。相对来说，金属的导热性要好得多，用金属制作的勺子，放进热汤中用不了几分钟，就会热得烫手了。

吸盘为什么能吸在墙上

在生活中，塑料吸盘常常用于固定挂衣钩、毛巾架等物体，用途非常广泛。但是，小小的一个吸盘，为什么可以承受这么大的重量呢？

当一个平面内的空气密度不一样时，密度大的空气会向密度小的地方补充，这也是风的形成原理。我们渴的时候，会一口气喝掉大半瓶矿泉水，这时候矿泉水瓶会严重变形，仿佛被什么给挤到似的；超市里真空包装的食品皱巴巴的……这是怎么回事呢？原来，空气中也有压强，当一个地方的空气密度低于平均水平时，别的地方的空气就会来补充，由此而产生的压强叫作大气压。

当我们一口气喝掉瓶子中的矿泉水时，瓶中的水不断减少，空间增大，但空气却进不来，于是大气压就把瓶子挤成了扁形；为了防止煮熟的食品变质，必须把包装中的空气抽出来，所以真空包装就被大气压挤成皱巴巴的样子了。塑料吸盘也是同样的道理。塑料吸盘本来是立体的圆锥形状，将它紧紧按在墙上后，圆锥体内的空气被挤出，空气密度减小，大气压就把它紧紧地挤在了墙上。

小小的吸盘竟然运用了大气压原理，怪不得力量这么强大。想想看，大气压在日常生活中还有哪些应用呢？

火柴为什么一擦就燃

　　拿起一根火柴，将火柴头在火柴盒的一侧轻轻一划，只听"嗤"的一声，火柴就被点燃了。那么，你知道火柴为什么一擦就燃吗？

　　原来，我们现在使用的火柴是瑞典人在 1855 年制造的安全火柴。在火柴盒的外侧涂有红磷，火柴头上的物质是三硫化二锑和氯酸钾，火柴杆是用白杨木或者松木做成的，它们的特点都是易燃。而且，为了使其更好地

燃烧，火柴的前端往往还浸泡了松香和石蜡。

当我们快速将火柴头与火柴盒上的红磷摩擦时，借助摩擦产生的热量，能够让红磷喷出火星，火星使火柴头上的三硫化二锑迅速燃烧起来，与此同时，氯酸钾高温分解并放出氧气，使火焰燃烧得更旺。

那么，为什么火柴一擦就着，而其他的东西却不行呢？这个问题的关键在于红磷，红磷的着火点非常低。也就是说，只需要很少一点热量——对于火柴来说，摩擦产生的热就足够了——就能够使它达到燃点。

其实，对于大部分物质而言，只要温度达到它的燃点，通常都是会燃烧的。

为什么破镜不能重圆

　　我们常用"破镜不能重圆"来形容失去的感情无法再找回，那么，镜子摔碎之后，真的不能黏合了吗？

　　你知道固体物质和液体物质为什么能够凝聚在一起吗？这是因为分子之间存在相互的吸引力，而固体物质和液体物质又很难压缩，这又说明分子之间除了引力外，还存在斥力。分子之间的相互作用力——包括斥力和引力，叫作分子力。

　　分子力可以使物质聚集在一起，可是，当外力破坏了物质结构，使分子之间的距离大于分子力能够作用的距离时，引力很快趋于零，分子力几乎可以忽略不计。

　　当镜子摔坏时，破碎的镜片之间的距离远远大于分子力可以作用的距离，这时候分子间几乎没什么引力，也就无法重圆了。

　　你明白了吗？

井水为什么冬暖夏凉

炎热的夏天，井水特别凉爽；而到了寒冷的冬天，井水又会变得暖暖的，你知道为什么吗？难道井水真的冬暖夏凉吗？

其实，井水的温度并没有太大的变化，变的是我们的感觉。

井水深处地下，受地面气温的影响很小。也就是说，一年四季之中，井水的温度变化实际上是非常小的，最多不会超过 3℃～4℃。

炎热的夏天，地表直接受太阳的照射和气流的影响，温度上升很快；而地下的泥土只能通过上层泥土从大气中吸热，由于泥土传热很慢，因此地下深处的温度要比地表的温度低，井水的温度自然也比地表的温度低。

寒冷的冬天，地表的温度降低很快，而地下深处的泥土由于不能直接向空气中散热，因此地下温度变化不大，井水的温度自然也比地面上高。

我们之所以会产生明显的冬暖夏凉之感，是因为在夏天的时候，地面的温度较高；而井水的温度相对较低，对比之下，摸上去感觉凉凉的；而在冬天的时候，地面的温度较低，井水的温度反而相对较高，再次对比之后，则会感觉暖暖的。

不光井水是这样，大多数地窖、洞穴也具有类似的特征。故而，人们常常将蔬菜、水果储存在里面，夏天防腐、冬天防冻，堪称天然冰箱。

水中的筷子为什么会变弯

　　我们几乎每天都要与碗筷打交道，但是，你注意过吗？当我们把筷子斜着放进盛满水的碗中时，它似乎变弯了；当我们把筷子垂直放在水中时，它似乎又变短了。为什么会产生这些现象呢？

　　其实，筷子并没有发生变化，只是光线发生了折射现象，欺骗了我们的眼睛。

　　说到这里，我们首先解释一下什么是光的折射。当光从一种透明介质

进入另一种透明介质时，传播方向一般会发生变化，这种现象叫光的折射。

在两种介质的交界处会同时发生光的折射和反射现象，不同的是，反射光会回到原来的介质中，而折射光却会进入到另一种介质中。

那么，在什么情况下会发生光的折射呢？通常来说，当光在两种不同的介质中的传播速度不一样时，会发生折射。

透过清澈的河水，我们能够清晰地看到水中的鱼儿。可是，当你拿起鱼叉，朝着鱼的位置刺下去时，往往扑了个空。而那些经验丰富的渔民便不会犯这样的错误，因为他们知道只有瞄准鱼的下方，才能顺利地叉到鱼。这种现象和筷子在水中变弯一样，也是因为光的折射而造成的。

另外，因为光的折射现象的影响，河水往往看起来要比实际的深度稍微浅一点，因此当你看到清澈的河水，并且目测它的深度不足以威胁到你时，也要小心一点，不能贸然跳下去，否则可能因为估计错误而造成危险。

在生活中，还有很多与光的折射有关的例子，你能想到多少呢？

为什么会在镜中看到自己

狐狸带着狮子来到河边说道："看吧，河里面的狮子比你更强壮，它才是森林之王。"狮子怒吼一声跳入河里，再也没有上来……狮子在河中看到的其实是自己，狐狸再次用自己的聪明才智战胜了狮子。但是，狮子为什么会在水中看到自己呢？

你平时爱照镜子吗？你知道为什么会在镜子中看到自己吗？湖面泛舟的时候，你有没有在水中看到自己呢？这些其实都和光的反射有关系。当我们照镜子的时候，照射在我们身上的光线会反射到镜子里，再通过镜子反射到我们的眼中，这样我们自然就看到了自己的样子。

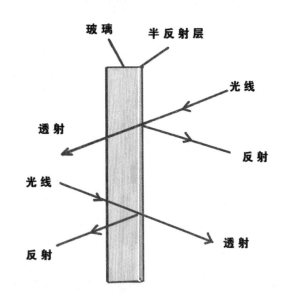

镜子原理被广泛地应用在生活中。一些店家为了让自己的商店看起来大一些，通常会在一面墙上装上镜子，看起来好像有另一个商店，给人的感觉自然就宽敞了许多。可这也让许多粗心的顾客吃了不少苦头，以为镜子那边还是商店，一不小心，"咚"的一声就撞了上去，你是不是其中一个呢？

说了这么多，现在你知道狮子为什么被骗了吧？狮子空有一个强壮的身躯，却没有一个聪明的大脑，所以它才会把自己在水中的倒影当成敌人，白白断送了性命。

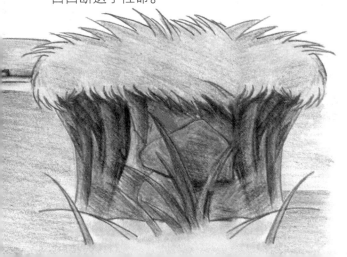

木头为什么能浮出水面

你有没有想过，为什么小小的一根针落水即沉，而巨大的木头却能浮在水面上呢？

这个问题与"气球怎样才能飘起来"是一样的原理，都与物体的密度有关。因为木头的密度比水小，所以可以浮出水面；而人或动物的密度比水大，所以入水即沉。

我们可以做个小实验：把一个物体放在盛满水的水杯里，如果流出的水的重量小于物体的重量，那么物体必定下沉；如果流出的水的重量大于

或者等于物体的重量，那么这个物体就会浮起来。

简单来说，木头之所以会浮在水上，是部分木头排开的水的重量已经和木头的重量相等了，所以会有一部分木头还露在水面之上；人体的重量大于同等体积的水的重量，所以即使整个人体浸入水中，人还是会沉下去。

初学游泳的人都有这样的经验，深吸一口气，整个身体没入水中，既不会下沉，也不会浮起来。这又是为什么呢？因为吸一口气使得我们的腹腔充气，体积相对变大，密度相对变小，自然就沉不下去了。

当然，如果木头是新鲜的，含有大量的水分的话，是很难在水中浮起来的；一些木质坚硬的木材，如紫檀、黄花梨等，也具有沉水的特征。

密度的概念看似与我们关系不大，实则在生活中随处可见，氢气球上天固然是因为氢气的密度远小于空气，做菜时的油总是浮在水面上，也是因其密度较小的原因。我们不妨多多留意，说不定能在生活中发现很多的自然秘密呢。

脱毛衣时为什么会出现小火星

在干燥多风的秋冬季节，我们常常碰到这种现象：晚上睡觉脱衣服时，常听见"噼里啪啦"的声音，而且伴有点点小火星；当我们与朋友握手时，有时会感觉到针刺般疼痛；梳头发时，有时头发竟然跟着梳子飞舞；穿上某些衣服时，有时衣服会紧紧贴在身上；触摸某些物体时，有时会忽然"咬手"……凡此种种，都是静电惹的祸。

静电是一种比较常见的自然现象。在摩擦和接触等过程中，物体的电子会发生转移，正电荷和负电荷一旦失去平衡，就会产生静电。不同的物

质，产生静电的能力也不相同，其放电的能力又与湿度、温度等息息相关。在秋冬季节，空气湿度较低，导致分子间的运动速度加快，静电也就更容易产生了。

那么，有没有可能消除静电呢？

由于空气也是由原子组合而成，所以可以这么说，在人们生活的任何时间、任何地点都有可能产生静电。要完全消除静电几乎不可能，但可以采取一些措施控制静电使其不产生危害。

为什么涂一点蜡,拉链会容易拉

　　拉链是一项非常重要的发明,给我们的生活带来了很多的便利,但是,为什么拉链在使用一段时间之后,会越来越难拉呢?

　　原来,我们在拉动拉链的过程中,需要克服拉链两边齿与齿之间,以及拉链与拉链头之间的摩擦力。然而,拉链用过一段时间之后,比较容易磨损或生锈,使材料表面产生很多细微的"伤口"。这时,再拉动拉链就需要克服更大的摩擦力,自然就比较费力了。

　　那么,如何解决这种问题呢?

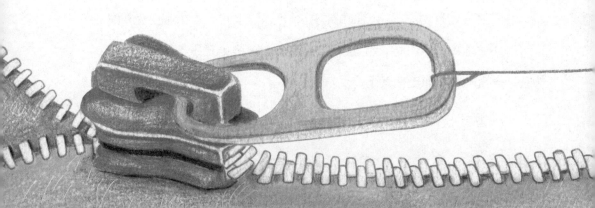

　　一般来说，液体之间的摩擦力往往比固体之间的小一些，液体分子也比较容易发生移动。而蜡虽然是固体，但是它质地柔软，呈现一种无定型的结构状态，分子之间也很容易移动。

　　从这一点上来说，蜡具有和液体相似的特性。把蜡涂到拉链上时，就使原来的摩擦活动变成了蜡与蜡之间的摩擦，这样就大大减小了摩擦力，拉起拉链来，自然会轻松许多。

为什么下楼不累上楼累

虽然上楼梯和下楼梯所经过的路程一样，可是上楼要比下楼累很多，你知道这是为什么吗？

这是因为我们在上楼梯时，脚要从低处往高处抬起，腿部要用力，整

个身体的重心要往上移动。然而，在下楼梯的时候，我们的脚是从高处向低处移动的，从而带动整个身体的重心向下移动。因为每个人都有重力，上楼梯的时候要克服重力做功，所以会感觉比较累；下楼梯的时候，重力帮你做功，所以比较省力。

　　如果你仔细观察的话，就会发现重力帮忙做功的例子还不少呢。比如你手中拿着一个铅球，如果你想要使铅球向上运动的话，手掌就要对铅球有一个向上运动的力量；而如果想要使铅球向下滑落的话，这是很简单的，只要手掌松开，铅球自身的重力就会带着它下落了。

　　我们的身体和这个铅球差不多，上楼梯时，花的力气要多一些，下楼梯时，由于身体重力的作用，相对轻松一些。但是下楼梯的时候，人体为了保持身体的平衡，以及向前的运动，还是需要使出一些力气，只不过比上楼梯时少了很多。

为什么要给车胎充气

汽车也好，自行车也罢，我们都不陌生，但是，你观察过它们的车胎吗？你知道车胎为什么要充气吗？

其实，轮胎原本是实心的，比如说古代的马车、早期的汽车轮胎等等，这种轮胎的优点是寿命长、耐磨损，缺点是动力损耗大、避震性差，人们坐在车上颠簸得很厉害，非常不舒服。

后来，人们把橡胶轮胎做成空心的，往里面充满气体，不光车轮的弹性非常好，还很轻便，搬运起来也非常方便。

那么，既然轮胎里面已经充满了气，为什么过一段时间又要充气呢？

原来，无论是自行车车胎，还是汽车轮胎，在日常使用或者闲置的过程中，都会受到压力的作用。在外力的挤压下，轮胎内的气体会"逃"出去，而不管密闭多好的轮胎也不可能完全没有缝隙，所以，轮胎中的气体会不断减少。因此，每过一段时间，就需要重新充气。

或许，在未来的某一天，人类能够研制出不需要充气的轮胎呢，让我们拭目以待吧。

为什么在沙子里骑车很费劲

如果我们把自行车骑到沙坑中，会出现什么后果呢？是轻而易举地就能骑出来，还是不得不费尽九牛二虎之力把车子搬出来呢？答案显而易见，自行车到了沙坑里，就由不得我们做主了，想要再顺顺当当地骑出来，几乎是不可能的。

我们知道，自行车之所以能够行走，是因为车轮与地面之间存在摩擦力。而且，自行车在运动的时候，全部的重量都压在车轮底部的一小块地方。也就是说，当来自自行车的压力超过沙地能够承受的极限时，疏松的沙子就会分散开来，以增大受力面积。

此时，若要自行车继续运动，就必须先将两个车轮从沙子中挣脱出来，而且，车轮陷得越深，需要用的力气就越大。一般来说，只有自行车后轮的推动力大于或

者等于车轮对沙地的作用力时，自行车才有继续运动的可能。

　　另外，自行车在缓慢行驶的时候，也是最难掌握平衡的时候；而越不平衡，我们就越难给予脚踏板更多的作用力。如此反复，我们自然会觉得在沙子里骑车很费劲了。

四两真的能拨千斤吗

你听说过四两拨千斤吗？所谓四两拨千斤，其实是一种武术技法，最初出现在太极拳《打手歌》中："任他巨力来打我，牵动四两拨千斤。"意思是说，要顺势借力，以小力胜大力，打败自己的对手。那么，在生活中，四两真的能拨千斤吗？

在回答这个问题之前，我们先来看看古希腊科学家阿基米德的一句名言："给我一个支点，我就能撬起整个地球！"

这句豪言壮语的科学依据是一个物理原理，即杠杆原理。在日常生活中我们不难发现，当用一个杠杆撬动一个物体时，要比直接搬起这个物体

省力不少。而且，杠杆越长，支点越靠近物体，则越省力；反之，杠杆越短，支点距离物体越远，则越费力。也就是说，要想省力，就必须移动距离；要想少移动距离，就必须多费力；既想省力又想少移动距离，是不可能实现的。

再进一步说，我们人类的力气是一定的，而撬动地球所需要的力量也是不变的，那么，只要杠杆足够长，支点足够靠近地球，从理论上来说，我们是可以以自己有限的力气撬动地球的。

四两拨千斤也是在功夫中利用杠杆原理，使用各种发力技巧，用小力拨动大力，打败自己的敌人。那么，你有兴趣尝试一下杠杆原理在生活中的神奇运用吗？

为什么真金不怕火炼

　　从前，一个大户人家遭了火灾，家里的房屋、家具几乎被烧了个精光，就连一些银饰和铜铁制品也被烧得面目全非。然而，在灰烬中，这家人却意外发现了一些金饼。更不可思议的是，金饼的重量竟然大体相当于火灾之前家中金器的重量。于是，人们纷纷传言，世间万物均怕火，唯独金子不怕烧。这就是真金不怕火炼的由来。

其实，古人对黄金的认知是有一些差错的。黄金并不是不怕火，更不可能不会熔化，相反，它的熔点其实并不高，甚至比铁的熔点还要低。也就是说，能够熔化铁的温度，一定能够烧化金子。

那么，为什么火烧后的黄金的重量不会减少呢？

这是因为黄金具有很高的稳定性，很难跟其他物质发生化学反应。大火可以轻而易举地将黄金熔化，却不会令它变质。等到温度降下来，它还是原来的黄金，而不会变成其他的物质。

铁就不一样了，虽然它的熔点比黄金更高，但是它的稳定性不好，一旦熔化之后，就会迅速与氧气等发生化学反应，也就不再是原来的铁了，而是变成了其他物质。

所以，真金不怕火炼的真正含义是：黄金就算经过大火的焚烧和淬炼，也是不会变质的。

人为什么会被石头绊倒

自从"龟兔赛跑"的故事成为大家的笑谈之后，小兔很不服气，决定和乌龟再比一场。于是，一场引人瞩目的比赛又在森林里上演了。

　　这次，小兔做足了准备，起跑的哨声刚刚响起，它就飞一般地窜了出去。可是，没过多久，就听见"咚"的一声，小兔一头栽在地上，半天也没有爬起来。原来，一块大石头绊倒了小兔，它又输了……

　　那么，你知道小兔为什么会被石头绊倒吗？

　　其实，小兔之所以被石头绊倒，是因为惯性在作祟。小兔在快速奔跑时，身体的每一个部分都在向前运动，保持着一种前进的姿势。此时，一旦遇到障碍物，脚被迫停止，而身体的其他部分却仍在前进，自然难以维持身体的平衡。

　　当我们坐公交车时，公交车突然启动会让大家的身体向后仰倒，突然刹车也会让大家的身体向前俯冲；抛出皮球，它会沿着掷出的方向运动；打羽毛球，它也会随着球拍的挥舞运动……这些都是惯性的作用。

　　生活中，不管我们是否在意，惯性都是无处不在的。那么，你能举出其他一些例子吗？

水坝为什么要建成梯形的

你见过水坝吗？你知道水坝为什么要建成梯形的吗？

其实，无论是江河大堤，还是水库大坝，修成上窄下宽的形状，其目的主要是为了"三防"：

第一是防水压。堤坝内的水越深、越靠近坝底，其产生的压强也越大。所以，相对上部而言，大坝的下部承受的压力要大得多。而且，水底环境相对复杂，若没有足够坚硬、稳定的地基，也无法应对复杂的水文环境。

第二是防渗漏。堤坝下部受水的压强越大，水越容易渗进坝体，把下部修得宽些，就可以延长堤坝内水的渗透路径，增大渗透阻力，从而提高堤坝的防渗透性能。

第三是防滑动。堤坝内水的压力总有将大堤向外水平推动和将大坝推向下游的运动趋势，堤坝基底需要有与之抗衡的静摩擦力，才能保持堤坝平衡。将堤坝下部修宽既可增大坝体的重力，也可增大迎水面（挡水面）上水对坝体竖直向下的压力，因此，可以增强坝体与坝基间的最大静摩擦力，达到防止堤坝滑动的目的。

人类建设水坝拦截江河的水流，可以起到防洪、灌溉、发电、改善航运等作用，某些时候，甚至能够作为一种人造的奇迹，从而成为人们心目中的旅游胜地。然而，水坝在守护人类不受洪水肆虐、便利人类生活的同时，也对自然界的生态平衡造成了很大的破坏，如水坝会阻挡鱼儿去上游产卵，向下游迁徙；水坝会破坏原有的生态系统，影响生物的多样性；水坝会产生甲烷，形成温室效应气体；水坝会影响降雨和水分蒸发，甚至影响到水源等等。

好在人类已经意识到水坝的负面作用，并采取了一些积极的措施以尽可能地减少其对环境的影响，相信在未来，我们一定能够找到两全之策。

不倒翁为什么不倒

"一位公公精神好，从小到老不睡觉。身体轻，劲不小，左推右推推不倒。"你知道这个谜语的谜底吗？是的，它就是不倒翁。那么，为什么不倒翁不会倒呢？

其实，不倒翁的原理涉及一个很常见也很实用的物理知识：怎样才能保持物体的平衡？

静止不动的台灯或者桌子，在物理学上，我们认为它们是平衡的。同样地，竖在桌子上的一本书和静止的不倒翁也是处于平衡状态中的，然而，我们轻轻推一下竖着的书本，它"啪"的一声就会倒下，而我们推一下不倒翁，它却能很快站起来。

　　这就告诉我们：同样是平衡状态，也是有区别的。如果一个物体站在那里，轻轻一碰就会倒下，这叫作不稳定平衡；如果推一下，物体能够很快重新站起来，这叫稳定平衡。

　　不倒翁之所以能够建立稳定平衡，是因为在它的肚子底下藏着一个大泥坨。这个大泥坨使得不倒翁与桌子之间形成了一个很大的支撑面，也让不倒翁的重心降得非常低，因此便特别稳定，推倒之后还能自己站起来。

　　而竖立的书本之所以一碰就倒，是因为它的支持面很小，重心又比较高。

　　所以说，我们看一个物体是否稳定，需要从两个方面着手：一是物体支撑面的大小，二是物体重心的高低。

　　在数千年以前，中国人就懂得了不倒翁的原理。在西安半坡村母系氏族社会遗址中曾发掘到一种提水壶。这种水壶装水时会往一边倾斜，装满水后则会自动立起来，非常方便于打水。

　　到了先秦时期，这种水壶演变成一种"饮器"，《荀子》中讲到，孔子到鲁桓公庙参观，看见"饮器"，问是什么东西。守庙者回答：这是一种喝酒的用具，当它没有装酒的时候呈倾斜状，酒装得适中，就会立起来，而装得太满，又会倾倒。经孔子"点拨"之后，后人将这种东西放在座位右边，用来提醒自己办事做人要适中，不虚不满。由此也就出现了"座右铭"一词。

　　据考证，这些用具用的都是头轻脚重的重心原理，也就是不倒翁的前身。

气球怎样才能飘起来

游乐场里，飘满了五彩缤纷的气球，非常好看。但是，若一不小心，断开了绳子，气球便会"呼"的一声飞到天上去，想要再追回来，可是不太容易呢。

可是，如果我们买个气球，用嘴吹起来，不管怎么往天上抛，它们都会掉下来。这是为什么呢？

原来，游乐场里的气球里面充的是氢气。氢气的密度比空气的密度小，重量自然就比空气轻，就像比水密度小的物体会漂浮在水面上一样，氢气球也会在空气的浮力作用下，飞到天上去。

我们用嘴吹起来的气球里面充满了二氧化碳。二氧化碳的密度比空气的密度大，重量比空气要重，空气的浮力无法支撑着它们飞翔，所以气球就会落下来，就像把一个比水密度大的物体放在水中，它马上会沉入水底一样。

你明白了吗？

肥皂泡为什么是五颜六色的

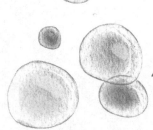

很多人都喜欢玩肥皂泡，轻轻一吹，色彩斑斓的泡泡漫天飞舞，漂亮极了。那么，你知道为什么肥皂泡是五颜六色的吗？

其实，肥皂泡本来是透明的，本身没有颜色，只是阳光在肥皂泡的外层和里层都会发生反射的缘故才使它看起来有了颜色。

当阳光穿过肥皂泡的正面，再遇到其背面，会立刻反射回来；反射回来的光线回到正面，又会引起一定的反射。我们知道，阳光是由赤、橙、黄、绿、青、蓝、紫七种颜色组成，如果在肥皂泡的正反两面来回反射的过程中，恰好把某些颜色抵消掉了，那么，就会形成失去某种颜色的太阳光。比如，如果红色光被抵消掉，那么这部分看起来就是蓝绿色的。

同样的道理，在众多反射光线的交会处，也可能会出现某些颜色重叠了或者加强了或者减弱了等多种情况，那么，这个部分的颜色也会随之发生变化。这也是我们在不同的角度，看到的肥皂泡的颜色也不完全一样的原因。

不仅肥皂泡会出现这种现象，光线在射入任何透明薄膜时，都会发生类似的反射，如水上的油膜、蜻蜓或者苍蝇的翅膀、CD光盘等等。

指南针为什么总指向南方

　　南宋诗人文天祥曾经在一首诗中，把自己对国家的忠心比喻为"磁针石"，永远指向南方。磁针石就是现在的指南针，你或许会说："指南针，顾名思义，就是指向南方了。"其实不是这样的，指南针的一端指向南方，另一端指向北方，说它是指南针固然正确，但若说它是指北针，似乎也没什么错。所以，地质工作者干脆管它叫罗盘。

那么，指南针为什么总是指向南方或者北方呢？

原来，地球是一个"大磁铁"，有南北两个磁极，而指南针也是用磁铁做成的。根据磁铁"同性磁极相斥，异性磁极相吸"的原理，无论我们身在地球的哪个方位，只要拿着一根能够旋转的磁针，就能够指示方向。

我们住在北半球，距离北磁极比较近，所以正规的指南针都会在磁针的南端缠上细铜线，或者涂成黑色，以增加指针南端的重量。否则的话，指针会被北磁极的磁力紧紧吸住，就不能保持平衡了。

那么，按照指南针指示的方向一直往北走，能够走到北极吗？

当然是不可能的。即便我们笔直往前走，也永远别想走到真正的北极点。这是因为磁场的北极和地理上的北极压根不是同一个地方，它们之间有一个磁偏角，必须把磁偏角算进去，才能够走到真正的北极点。早在我国北宋时期，科学家沈括就发现了磁偏角，比哥伦布早发现了 400 多年呢。

为什么会有回声

　　如果我们站在山顶大喊一声的话，会发生什么情况呢？是悄无声息，还是会有回声回荡呢？如果是后者，那么，回声又是怎么产生的呢？

　　在解释这个问题之前，我们先看看声音的概念吧。

　　声音不是一种物质，而是一种纵波，波是能量传播的一种形式，当它传播到我们耳朵时，我们就听到了声音。

　　当我们对着山谷长啸时，会听到山谷里传来回声，这是因为声波遇到山谷中的石壁，被反射回来所造成的。如果你的声音足够大，而且石壁又足够多的话，那么声波还有可能被多次反射。当然，声波在多次反射的过程中，会随着空气和障碍物的层层削弱而逐渐衰减，以至于给我们带来一

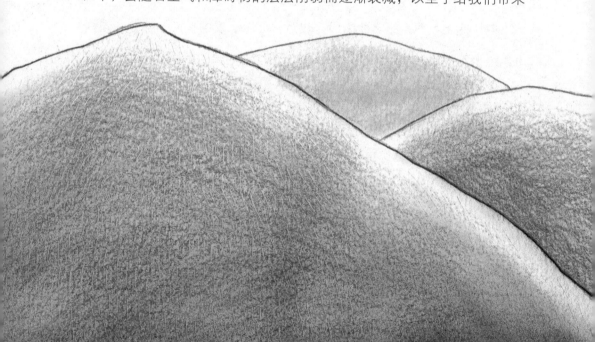

种错觉，似乎声音渐渐远去了。

　　1912 年，英国游轮"泰坦尼克"号在赴美途中发生了与冰山相撞沉没的悲剧。为避免类似灾难再次上演，美国科学家设计并制造出第一台测量水下目标的回声探测仪，用它在船上发出声波，然后用仪器接收障碍物反射回来的声波信号。测量发出信号和接收信号之间的时间，根据水中的声速就可以计算出障碍物的距离和海的深浅。

　　后来，人类又将回声原理应用于军事、渔业等各个领域，在促进科技发展的同时，也给我们的生活带来了很多便利。

为什么一个巴掌拍不响

生活中，我们常常说一个巴掌拍不响，你知道这是为什么吗？

原来，物体之间的力的作用，都是相互的。也就是说，力是物体对物体的作用，要产生力的作用就必须既要有受力物体，又要有施力物体，否则就不能产生力的作用。

　　而一个巴掌只有一个物体，所以无法产生力的作用，自然也就不可能拍得响。只有一只手掌在空气中挥舞，没有另一只手掌跟它产生相互作用的话，只能发出"呼呼"的风声而已。

　　在现实生活中，人与人之间的矛盾也是如此，如果双方都能懂得谦和退让，两者之间自然也就不会产生摩擦了。

　　你看，不管我们能否意识到，科学都是无处不在的，若能处处留心，小事情也会蕴含大道理呢。

"顺风耳"为什么可以听得远

很多人都有过这样的经验：当你站在逆风的位置，不论你怎么高声呼喊，远处的朋友也很难听到你的声音，但是，如果此时他开口说话的话，即便声音不大，你也能很轻易地听到他的声音。难道真的是风把声音吹走了吗？

我们知道，声音的传播速度很快，能够达到340米／秒，而除了超级大风外，一般的风速只有几米／秒。故而，不管是顺风，还是逆风，声速

　　的变化都非常小。也就是说，最主要的原因并不在这里。

　　其实，真正的原因与折射有关。一般来说，由于地面建筑物、树木等的影响，导致越接近地面时，风速就越小；而离地面越远，风速也就越大。受此影响，声波在传播的过程中，距离地面较近时，速度会慢一些；而在距离地面较远时，速度则会快一些。

　　如此一来，声波就如同在不同的介质中传递一般，形成了折射现象。也就是说，在顺风的时候，声波从风速较快的地方向较慢的地方传播，会被向下折射，因此，人们容易听到折射过来的声音。

　　相反，在逆风时，声速与风速的前进方向相反，从而造成下层的声速受到较小风速的影响，比上层的声速要快一些。声波被折射之后，就会向上传播；而声波一旦被折射到上层空间，站在地面上的人们就很难接收到声波信号了。

为什么酒香不怕巷子深

古人常说"酒香不怕巷子深"。这句话有什么科学道理呢？

大多数物质都是由一个个分子组成的，而分子也是保持物质性质的最小单元，也就是说，大多数物质能够被分成很多小分子，但是本质又不会变化。

此外，分子并不是静止不动

的，它们总是在不停地做着无规则的运动，酒精分子也是。当酒精分子不断地运动着，扩散到空气中时，我们就能够从很远的地方闻到酒的味道了。

可是，为什么有些东西闻不到味道呢？

因为物质有易挥发和不易挥发的区别，易挥发物质的分子间的吸引力比较小，分子就容易扩散到空气中，被远处的人闻到，酒精就是一种典型的易挥发物质。相反地，那些不易挥发物质的分子间吸引力比较大，分子很难摆脱分子间的吸引力，变成一个个小分子，扩散到空气中，所以，我们也就难以闻到它的气味了。